JavaScript 1年生

ジャバスクリプト

1年生

リブロワークス 著

体験してわかる！会話でまなべる！
プログラミングのしくみ

■本書内容に関するお問い合わせについて

本書に関するご質問、正誤表については、下記の Web サイトをご参照ください。

正誤表　　　　http://www.shoeisha.co.jp/book/errata/

刊行物 Q&A　　http://www.shoeisha.co.jp/book/qa/

インターネットをご利用でない場合は、FAX または郵便で、下記にお問い合わせください。

〒 160-0006　東京都新宿区舟町 5

（株）翔泳社 愛読者サービスセンター

FAX 番号：03-5362-3818

電話でのご質問は、お受けしておりません。

※本書に記載された URL 等は予告なく変更される場合があります。

※本書の出版にあたっては正確な記述につとめましたが、著者や出版社などのいずれも、本書の内容に対してなんらかの保証をするものではなく、内容やサンプルおよびダウンロードファイルに基づくいかなる運用結果に関してもいっさいの責任を負いません。

※本書に掲載されているサンプルプログラムやスクリプト、および実行結果を記した画面イメージなどは、特定の設定に基づいた環境にて再現される一例です。

※本書に記載されている会社名、製品名はそれぞれ各社の商標および登録商標です。

※本書の内容は、2017 年 11 月執筆時点のものです。

はじめに

Webブラウザの中で動く「JavaScript」は、Webアプリ作りに欠かせないプログラミング言語として、「名前だけは知ってるよ」という人も少なくないでしょう。身近なWebブラウザを使って勉強できるので、はじめてプログラミングを学ぶ人にもおすすめです。

本書は、皆さんにJavaScriptを気軽に楽しく体験してもらうことを目指して執筆しました。そのお供をするのは黒猫先生とマウス君です。セクシーでサバサバした黒猫先生と、気が小さいのにちょっと生意気なマウス君のコンビが、簡単な足し算や掛け算をするあたりから少しずつ説明していきます。
最終的に作る題材は「ミュージックプレーヤー」。なるべく簡単になるよう心懸けましたが、ちょっとでも難しくなってきたり長くなってきたりしたら、マウス君に悲鳴をあげてもらって、一歩立ち止まって説明するようにしました。

また、JavaScriptの本ではありますが、その力を活かすにはWebページを作るためのHTMLとCSSという言語の知識もないと、JavaScriptを活かすことはできません。そこであえて書籍の4分の1近くを割いて、HTMLとCSSについても説明しました。
本書が「いっちょ、プログラミングに挑戦してみようかな？」という方の力になれば幸いです。

最後に、楽しいイラストとマンガを用意してくださった、あらい様とほりた様、絵本のような素敵なカバーを作っていただいた大下様、そして執筆の機会をいただいた翔泳社の皆さまをはじめ、本書の制作に携わった皆さまに心よりお礼申し上げます。

2017年11月　リブロワークス

もくじ

はじめに 3
本書の対象読者と1年生シリーズについて 8
本書の読み方 9
本書のサンプルのテスト環境とサンプルファイルについて 10

第1章 JavaScriptで何ができるの？

LESSON 01　Webアプリって何？ 14
Webページとアプリとプログラムの関係 15
Webブラウザが標準でできないことをプログラムで書く 16
サーバーサイドとクライアントサイド 17

LESSON 02　プログラム言語って何？ 18
プログラミング言語とは？ 19
プログラミング言語はいろいろある 19
クライアントサイドではJavaScriptを使う 20
JavaScriptでできること 21

LESSON 03　プログラムを書くためにそろえておきたいもの 22
Chrome（クローム）をインストールしよう 23
Atom（アトム）をインストールしよう 25
Atomを日本語化する 26
Atomの画面を見てみよう 28

第2章 手軽にプログラミングを体験してみよう

LESSON 04　コンソールを使ってみよう 32
コンソールを表示しよう 32
コンソールに命令を入力しよう 34

LESSON 05　足し算、引き算、掛け算、割り算 36
パソコンに計算させる 37

LESSON 06　計算の順番を変えてみよう 38
演算子の優先順位 39
カッコを使って優先順位を変える 39

LESSON 07　文字を表示してみよう 40
クォートで囲んで文字列にする 41

LESSON 08 数値と文字列を組み合わせる · 42
数値と文字列を連結する · 43
数値と文字列の式のワナ · 44
まだまだある数値と文字列の式のワナ · 45

LESSON 09 データを記憶する変数を使ってみよう · 46
変数にデータを記憶しよう · 47
コンソールで変数を利用する · 48
変数の中身を書き替える · 50
変数の名前の付け方を知っておこう · 52

LESSON 10 プログラムをファイルに書いてみよう · 54
Web ページを作ってみよう · 55
Atom を使って HTML を書いてみよう · 56
HTML を書いてみよう · 59
JavaScript を書いてみよう · 60
HTML の中に書いたプログラム · 62
文の最後には「;」を書く · 64

第3章 JavaScriptの「文法」を覚えよう

LESSON 11 関数とメソッドを使ってみよう · 68
関数とメソッドの役割とは？ · 69
関数の使い方 · 69
関数とちょっと違うメソッド · 70
メソッドを使ってみよう · 72

LESSON 12 if 文で条件ごとに処理を切り替える · 74
if 文と条件分岐 · 75
条件式の結果は true か false になる · 78
条件式が false のときに実行する · 80

LESSON 13 for 文で仕事を何度もくり返す · 82
for 文とくり返し処理 · 83
for 文を試してみよう · 87
式を表示して結果をわかりやすくる · 89

LESSON 14 配列を使ってくり返し処理しよう · 92
配列を使ってみよう · 93
日付データと配列を組み合わせてみる · 95

LESSON 15 関数を自分で作ってみよう 98
関数を作ると何が便利なの？ 99
関数を作るには 100
return 文のあとは実行されない 103
戻り値や引数は省略してもいい 104

第4章 Webアプリの見た目を作っていこう

LESSON 16 HTML と CSS ってそもそも何？ 108
HTML は Web ページの内容を表す 109
CSS は Web ページを飾る 109

LESSON 17 HTML のタグって何だろう？ 110
テキストのところどころにタグを埋め込む 111
フォルダーを作って HTML ファイルを作成しよう 112
Atom が自動的に入れてくれるタグの意味 113

LESSON 18 見出しや文章を書いてみよう 114
見出しを入力する 114
通常の文章を入力しよう 116

LESSON 19 画像を入れてみよう 118
画像ファイルを用意する 119
img タグを入力する 119

LESSON 20 ミュージックプレーヤーを追加しよう 122
音楽ファイルを探そう 123
audio タグを入力しよう 124

LESSON 21 箇条書きを書こう 126
ul タグと li タグを入力しよう 127
独自属性を追加する 129

LESSON 22 CSS の仕組みを知ろう 130
CSS の基本構造 130
CSS ファイルを作る 132

LESSON 23 文字の書式を変えてみよう 134
color-picker パッケージで色を指定する 135
文字を中央ぞろえにする 136

LESSON 24 要素に幅や背景色を設定しよう · · · · · · · · · · 138
　デベロッパーツールで HTML の構造を見る · · · · · · · · · · · 138
　アプリの外枠を設定する · 142
　インデントを整えて HTML を見やすくしよう · · · · · · · · · 145

LESSON 25 箇条書きをメニューリストに変えよう · · · · · 146
　行頭記号を消す · 147
　メニューリストの項目に罫線を引く · · · · · · · · · · · · · · · · 148
　選択中の項目だけ色を変える · 150
　マウスポインタを合わせたときだけ背景色を変える · · · 151

第5章　ミュージックプレーヤーを完成させよう

LESSON 26 JS ファイルを作って HTML に読み込む · · · 156
　JS ファイルを作る · 156
　script タグで読み込む · 157

LESSON 27 プレイリストをクリックして曲を切り替える · · · 158
　HTML の要素を JavaScript で取得する · · · · · · · · · · · · 159
　click イベントを設定する · 162
　クリックされた要素を特定する · · · · · · · · · · · · · · · · · · · 164
　再生する音楽ファイルを変更する · · · · · · · · · · · · · · · · · 165
　クラス名を変更して再生中の曲をわかりやすくする · · · 168

LESSON 28 再生中と停止中でイラストを切り替える · · · 170
　audio 要素のイベントに対応する · · · · · · · · · · · · · · · · · 171

LESSON 29 連続再生できるようにする · · · · · · · · · · · · · 174
　「次の曲」を取得するには？ · 174
　音楽を再生する部分を関数にする · · · · · · · · · · · · · · · · · 178

LESSON 30 ランダム選曲機能を追加しよう · · · · · · · · · 182
　ランダムのリンクを追加する · 182
　リンクに click イベントを設定する · · · · · · · · · · · · · · · 184
　ランダムに曲を選ぶ · 186

LESSON 31 この後は何を勉強したらいいの？ · · · · · · · · 188
　Mozilla Developer Network で調べる · · · · · · · · · · · · 188
　「JavaScript やりたいこと」で検索してみる · · · · · · · · 189

本書の対象読者と1年生シリーズについて

本書の対象読者

　本書は知識がゼロの方を対象にした、JavaScriptの超入門書です。簡単で楽しいサンプルを作りながら、会話形式で、JavaScriptのしくみを理解できます。初めての方でも安心してJavaScriptプログラミングの世界に飛び込むことができます。

- 言語の知識がない初学者
- **JavaScript**を初めて学ぶ初学者

1年生シリーズについて

　1年生シリーズは、プログラミング言語（アプリケーション）を知らない初学者の方に向けて、「最初に触れてもらう」「体験してもらう」ことをコンセプトにした超入門書です。
　初学者の方でも学習しやすいよう、次の3つのポイントを中心に解説しています。

ポイント❶ イラストを中心とした概要の解説

　章の冒頭には漫画やイラストを入れて各章で学ぶことに触れています。冒頭以降は、イラストを織り交ぜつつ、概要について説明しています。

ポイント❷ 会話形式で基本文法を丁寧に解説

　必要最低限の文法をピックアップして解説しています。途中で学習がつまづかないよう、会話を主体にして、わかりやすく解説しています。

ポイント❸ 初心者の方でも作りやすいサンプル

　初めてプログラミング言語（アプリケーション）を学ぶ方に向けて、楽しく学習できるよう工夫したサンプルを用意しています。

本書の読み方

　本書は、初めての方でも安心してJavaScriptプログラミングの世界に飛び込んで、つまづくことなく学習できるようさまざまな工夫をしています。

**黒猫先生とマウス君の
ほのぼの漫画で章の概要を説明**
各章で何を学ぶか漫画で説明します。

**この章で具体的に学ぶことが、
一目でわかる**
該当する章で学ぶことを、イラストで
わかりやすく紹介します。

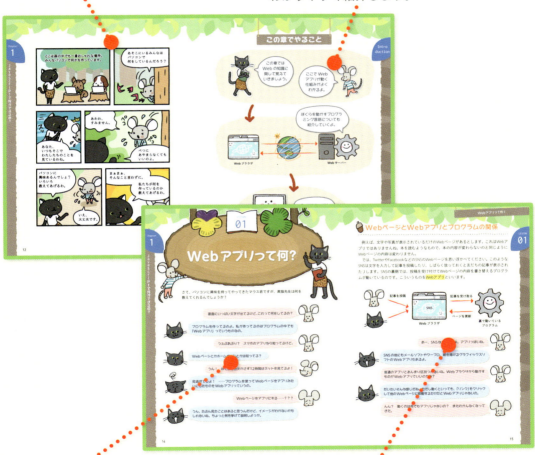

イラストで説明
難しい言いまわしや説明をせずに、イラストを多く利用して丁寧に解説します。

会話形式で解説
黒猫先生とマウス君の会話を主体にして、概要やサンプルについて楽しく解説します。

本書のサンプルのテスト環境とサンプルファイルについて

本書のサンプルは以下の環境で、問題なく動作することを確認しています。

・本書のサンプルのテスト環境
OS：Windows 10、macOS Sierra（10.12.x）
Webブラウザ：Google Chrome 61

サンプルファイルのダウンロード先

　本書で使用するサンプルファイルは、下記のサイトからダウンロードできます。適時必要なファイルをご使用のパソコンのハードディスクにコピーしてお使いください。

- サンプルプログラムのダウンロードサイト
  URL http://www.shoeisha.co.jp/book/download/

免責事項について

　サンプルファイルは、通常の運用において何ら問題ないことを編集部および著者は認識していますが、運用の結果、いかなる損害が発生したとしても、著者および株式会社翔泳社はいかなる責任も負いません。すべて自己責任においてお使いください。

2017年12月
株式会社翔泳社　編集部

第1章
JavaScriptで何ができるの？

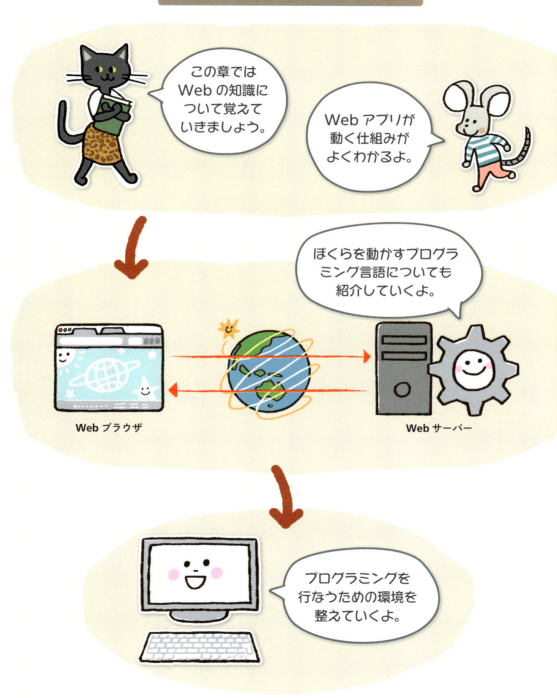

Chapter 1 JavaScriptで何ができるの？

LESSON 01

Webアプリって何？

さて、パソコンに興味を持ってやってきたマウス君ですが、黒猫先生は何を教えてくれるんでしょうか？

画面にいっぱい文字が出てるけど、これって何をしてるの？

プログラムを作ってるのよ。私が作っているのはプログラムの中でも「Webアプリ」っていうものなの。

うぇぶあぷり？ スマホのアプリなら知ってるけど。

Webページとかホームページとかは知ってる？

うん！ ぼくは毎日欠かさず12時間はネットを見てるよ！

見過ぎでしょ！ ……プログラムを使ってWebページをアプリみたいにしたものをWebアプリっていうの。

Webページをアプリにする……？？？

うん、たぶん見たことはあると思うんだけど、イメージがわかないかもしれないね。ちょっと例を挙げて説明するね。

WebページとWebアプリとプログラムの関係

　例えば、文字や写真が表示されているだけのWebページがあるとします。これはWebアプリではありませんね。本を読むようなもので、本の内容が変わらないのと同じようにWebページの内容は変わりません。

　では、TwitterやFacebookなどのSNSのWebページを思い浮かべてください。このようなSNSは文字を入力して記事を投稿したり、しばらく放っておくと友だちの記事が表示されたりします。SNSの裏側では、投稿を受け付けてWebページの内容を書き替えるプログラムが動いているのです。こういうものを <mark>Webアプリ</mark> といいます。

SNSの他にもメールソフトやワープロ、絵を描けるグラフィックソフトのWebアプリもあるよ。

普通のアプリとあんまり区別つかないね。Webブラウザから動かすものがWebアプリでいいのかな？

だいたいそんな感じだね。ただし動くといっても、「リンク」をクリックして他のWebページに移動するだけだとWebアプリじゃないの。

んん？　動くのは何でもアプリじゃないの？　またわかんなくなってきた。

Webブラウザが標準でできないことをプログラムで書く

SNSに記事を投稿することと、リンクをクリックしてジャンプすることの違いを理解するために、そもそものWebページの仕組みから説明していきましょう。

まず、Webページを見るためには、「Webブラウザ」と「Webサーバー」という2つのプログラムが必要です。WebブラウザにURLを入力するかリンクをクリックすると、インターネットのどこかで動いているWebサーバーに「Webページを表示してください」というリクエストが送られます。Webサーバーはそれを受け取ったらWebページのデータを送り返します。これがWebページを表示するまでの基本的な仕組みです。

この働きは、WebブラウザとWebサーバーが最初から持っている機能です。リンクをクリックして他のWebページにジャンプする機能も最初からあるものです。

一方、SNSのWebアプリは記事を投稿して表示するために、WebブラウザとWebサーバーに機能を追加しています。

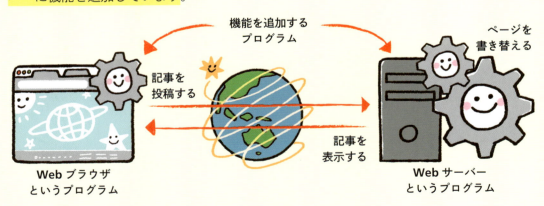

要するに、標準ではできない機能を追加したものをWebアプリと呼ぶって感じかな。

サーバーサイドとクライアントサイド

Webアプリ作ってみたいです！ ぼくにもできるかな？

マウス君は何かプログラムを作ったことってある？

……ないです。

じゃあ、サーバーサイドは難しいかな。クライアントサイドからやり始めたらいいんじゃない？

？？何それ？

　先ほどの図で、Webブラウザに追加されたプログラムと、Webサーバーに追加されたプログラムがあるのにお気づきでしょうか？　==サーバーサイド==とはサーバー「側」、つまりWebサーバーに追加するプログラムのことです。もう1つの==クライアントサイド==はその反対、つまりWebブラウザ「側」に追加するプログラムです。

簡単なほうでお願いします！

クライアントサイドなら簡単ってわけじゃないけど、最初にやるんだったらインターネットのどこかで動くプログラムよりは、手元で動くほうがわかりやすいよね〜。

LESSON 02
プログラム言語って何？

Webアプリなどのプログラムを作るには「プログラミング言語」を使います。プログラミング言語にはいろいろな種類があります。

プログラムってどうやって作るの？ ドライバーとかペンチとか使うの？

そんなの使わないよ〜。基本は文字入力するだけだから、パソコンがあればOK。

文字を入力するだけ？

プログラム作りっていうのは、コンピューターへの命令を並べた書類を書くことなの。だからキーボードがあれば十分。

文字を入力するだけだったら誰でもできそうだね。

ただ、プログラミング言語っていう言葉で書かないといけないけどね〜。

日本語やネズミ語じゃだめなの？

ネズミ語だったら私書けないじゃない。

プログラム言語って何？

プログラミング言語とは？

LESSON
02

　プログラミング言語はプログラムを作るために用意された言語です。あとで出てきますが、英単語と数学の記号が組み合わさったような見た目をしています。コンピューターは本来数値を組み合わせた命令しか受け付けないのですが、それでは人間が書くのは大変なので、もっと人間が書きやすいように考え出されました。

プログラミング言語はいろいろある

　実はプログラミング言語というのは一種類ではありません。人間の世界に英語やフランス語、中国語などいろいろな言語があるように、プログラミング言語にも数百の種類があります。そして、用途によって使うプログラミング言語も変わってきます。

用途	言語
Webアプリを作りたい	JavaScript、TypeScript、PHP、Ruby、Python、Javaなど
パソコンのアプリを作りたい	C言語、C++、C#、Objective-C、Javaなど
スマホアプリを作りたい	Swift、Objective-C、Kotlin、Javaなど
ゲームを作りたい	C#、C言語、C++など

どうしてこんなにいっぱい言語作っちゃったの？　これから覚える人が大変だよ！

知らないわよ。私が作ったわけじゃないし。

で、ですよね……。

切る道具だって、ハサミもあればカッターもあるし、包丁もノコギリもあって、それぞれ使いどころが違うでしょ？　それと同じじゃないかな。たぶん。

19

クライアントサイドではJavaScriptを使う

　クライアントサイドのプログラミングでは主にJavaScriptという言語が使われます。Webブラウザにもいろいろな種類があり、代表的なものだけでもMicrosoft社のInternet ExplorerやEdge（エッジ）、Google社のChrome（クローム）、Mozilla（モジラ）社のFirefox、Apple社のSafariなどがありますが、そのすべてで標準で利用できるのがJavaScriptなのです。

　一方、サーバーサイドで使われるプログラミング言語はPHP、Perl、Ruby、Python、Javaなどがあり、特に統一されていません。

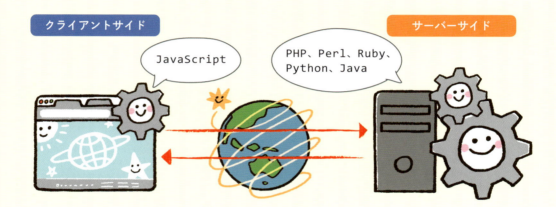

JavaScriptを覚えればFacebookとかTwitterみたいなSNSのWebアプリが作れるんだね。

JavaScriptだけじゃ無理かな〜。クライアントサイドだからね。

え？　じゃあ、何ができるの？

JavaScriptでできること

LESSON 02

　「JavaScriptでできること」というのは、つまり「クライアントサイドのプログラムでできること」とイコールです。Webアプリではクライアントサイドとサーバーサイドのプログラムが連携して動き、よりユーザーに近い部分をクライアントサイドが担当します。

　例えばSNSのプログラムでは、いろんな人が投稿した記事をまとめて保管するのはサーバーサイドのプログラムの役割です。クライアントサイドのプログラムは、記事を投稿しやすくしたり、見やすくしたりするといった、主に「使いやすさ」を向上させるために働きます。要するにユーザーにいかに快適に利用してもらえるかという「おもてなし」を考えて作る部分なのです。

レストランにたとえると、料理を作る厨房がサーバーサイド、お客さんが注文したり食事したりする客席がクライアントサイド。客席で料理は作れないよね。

うーん、つまり、JavaScriptだけだと何もできないの？

そんなことないよ〜。アクションゲームやミュージックプレーヤーだって作れちゃうんだから。

へえ〜。

つまり、他の人と記事や音楽を共有するサービスとかはサーバーサイドが欠かせないけど、手元にあるデータだけで完結するものならJavaScriptだけで作れるよ。

あ、ちょっと難しくてよくわかんないかも。……でも、迷っててももったいないからJavaScriptに挑戦してみようかな？

そうそう。人生やったもん勝ちだよ〜。

LESSON 03

プログラムを書くために そろえておきたいもの

プログラムはパソコンだけで作れるといっても、作りやすくするための道具があったほうが、思わぬところでつまづかずにすみます。

それじゃJavaScriptをやってみるとして、とりあえずマウス君のパソコンにChromeとAtomをインストールしとこっか。

あれ？　パソコンだけあれば何にもいらないんじゃないの？

確かにパソコンに最初から入ってるWebブラウザと「メモ帳」だけでも作れるけどね〜。

インストール怖いんでそれでもいい？

プログラムを作ろうって人が、インストールが怖いとか！

すみません、食べないで……。

面倒かもしれないけど、JavaScriptを書きやすいツールを使ったほうがトラブルが少ないんだよ。弘法は筆を選ばずっていうけど、初心者は筆を選んだほうがいいよ。

プログラムを書くためにそろえておきたいもの

Chrome（クローム）をインストールしよう

LESSON
03

　もうかなり前からWebブラウザが標準で入っていないパソコンというのは存在しません。WindowsにはInternet ExplorerかEdgeが、macOSにはSafariというWebブラウザが標準で付いています。それらを使っても基本的には問題ないのですが、Webの制作現場では<mark>Google社製のChromeを使う</mark>ことが増えているそうです。

　なぜかというと、今WindowsとmacOSをあわせて世界で一番使われているWebブラウザがChromeだからです。同じWebブラウザでもメーカーが違うと細かい動作が微妙に違うことがあります。一番ユーザーが多いWebブラウザで作っておいたほうが安心なのです。また、制作環境がWindowsでもmacOSでも同じように使えるという点もありがたいところです。

① Chromeのダウンロードページを表示します

　パソコンにインストールされているWebブラウザを使ってChromeのダウンロードページを表示します。

＜Chromeのダウンロードページ＞
https://www.google.co.jp/chrome/browser/desktop/

❶［Chromeをダウンロード］をクリックします。

23

②ダウンロードを開始する

❶利用規約を確認して［同意してインストール］をクリックします（画像は執筆時のものです）。

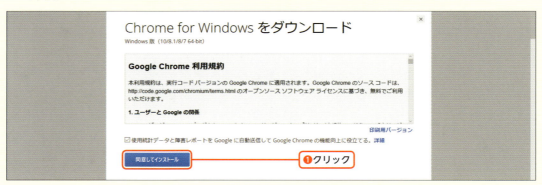

③インストールを開始する

❶［実行］をクリックします。❷［ユーザーアカウント制御］ダイアログボックスが表示されたら、［はい］をクリックします。

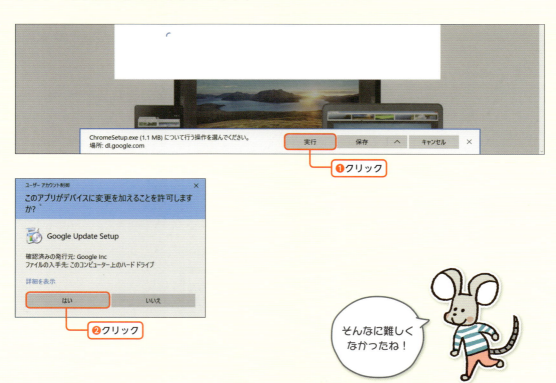

そんなに難しくなかったね！

Atom（アトム）をインストールしよう

LESSON 03

　JavaScriptのプログラムは、JavaScriptという言語で書かれた文字だけのデータなので、やろうと思えばWindowsに付属している「メモ帳」や、ワープロソフトの「Word」で書くこともできます。ただし、どちらもJavaScriptを書くことを想定したアプリではないので、意外と手間が増えてしまいます。ですから、文字を書くだけといっても、JavaScriptを書くことを想定したテキストエディタをおすすめします。テキストエディタとは、ワープロのような書式設定や作図機能を持たない、文字入力専門のツールです。

　ここで紹介するAtomというテキストエディタは、JavaScriptに限らないさまざまなプログラムを書くために作られたものです。単語を色分けして意味をわかりやすくしたり、命令を途中まで書くと残りを補完してくれる機能なども用意されています。しかも無料で使えて、WindowsとmacOSの両方に対応しています。

① Atomのダウンロードページを表示します

　Atomのダウンロードページを表示します。

＜Atomのダウンロードページ＞ https://atom.io/

　❶ ［Download Windows 64-bit Installer］をクリックします。OSの種類を自動判別するので、macOSのWebブラウザでこのページを表示した場合は［Download For Mac］と表示されます。

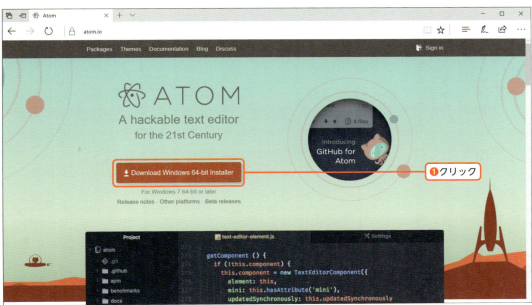

②ダウンロードを開始する

❶［実行］をクリックします。❷インストール中を表すウィンドウが表示されるので、そのままインストールが完了してAtomが起動するまで待ちます。

❶クリック

❷待機する

しばらくかかるから
そのまま
待っててね。

Atomを日本語化する

インストール直後のAtomはメニューが英語表記になっています。japanese-menuというパッケージをインストールして日本語化しましょう。パッケージはAtomの機能を強化するファイルのことで、インターネットから簡単にインストールできます。

①Atomの設定画面を表示する

❶左上にある［File］メニューから［Settings］を選択して、設定画面を表示します。

※Atomの初期設定は黒い背景ですが、読みやすくするために白い背景に設定変更しています。

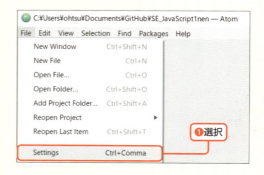

❶選択

② インストール画面を表示する

❶設定画面の左側のバーから[Install]をクリックします。

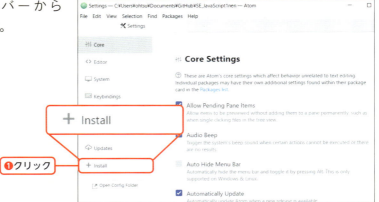

③ パッケージを検索する

❶ボックスに「japanese-menu」と入力し、❷[Packages]をクリックします。

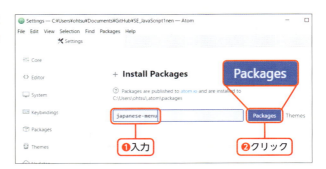

④ パッケージをインストールする

❶「japanese-menu」が表示されたら、[Install]をクリックします。

日本語だったらぼくでも安心だよ！

Atomの画面を見てみよう

Atomは1つのウィンドウで複数のファイルを開いて編集することができます。複数のファイルを開いたときは、Webブラウザのように「タブ」が表示され、それをクリックして切り替えることができます。何かのファイルを開くと、画面の左側に「プロジェクト」が表示されます。マウスポインタを合わせると折りたたむためのボタンが表示されます。

> プロジェクトはじゃまだったら折りたためるよ。

MEMO Atomのプロジェクトをうまく使おう

Atomのプロジェクトには、作業用のフォルダーの内容が表示されます。Webアプリ開発では関係するファイルを1フォルダーにまとめて作業することが多いので、複数のファイルを切り替えながら編集するときに便利です。作業フォルダーは、［ファイル］メニューの［フォルダを開く］を選択して開くこともできます。

この章でやること

準備も整ったし、さっそくJavaScriptを動かしてみましょう。

インストールしたChromeを使って計算をしてみよう。

入力したデータを保存するために変数というものを覚えるよ。

最後はブラウザに表示するために、ファイルを用意してHTMLを書いてみるよ。

Introduction

LESSON 04
コンソールを使ってみよう

Chapter 2 手軽にプログラミングを体験してみよう

「文字で命令する」というプログラミングの基礎を、Web ブラウザのコンソールを使って体験してみましょう。

JavaScriptのプログラムを書くにはWebページを作らないといけないんだけど、もうちょっとカンタンなところからやってみようか。

はい、よろしくお願いします！

さっきインストールしたChromeには、コンソールっていう画面があるから、それを表示してみよう。

コンソールを表示しよう

① デベロッパーツールを表示する

Chromeを起動して適当なWebページを表示し、❶右上の［…］をクリックします。メニューが表示されるので❷［その他のツール］→［デベロッパーツール］を選択します。

② コンソールを表示する

　Chromeのウィンドウ内にデベロッパーツールが表示されます。この画面ではウィンドウの下側に表示されていますが、設定によっては右側などに表示されることもあります。
❶［Console］タブをクリックします。

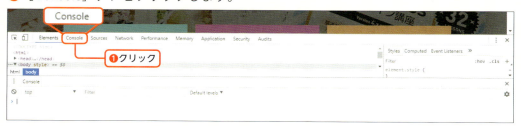

③ コンソールが表示された

　コンソールが表示されました。他のタブを選んでいるときもコンソールは小さく表示されていることがありますが、［Console］タブを選択すると表示領域が広がります。

これが
カーソルだね。

できた！

「>」のあとでカーソルが点滅してるでしょ。そこにJavaScriptのプログラムを1行ずつ入力できるんだよ。

カーソル……。この小さな棒みたいなのだね。

コンソールに命令を入力しよう

Chapter 2 手軽にプログラミングを体験してみよう

　コンソールはJavaScriptのプログラムを入力できる対話型の画面です。1行入力してEnterキー（Macではreturnキー）を押すと、その命令が実行されて結果が表示されます。JavaScriptの動作をちょっと試してみたいときに便利です。

じゃあ何か入力してごらん。

えっ！　何を入力したらいいの？

とりあえず何でもいいよ〜

え〜、何にしようかな〜？　記念すべき最初の一文、緊張するなあ〜

```
Elements  Console  Sources  Network  Performance  Memory  Application  Security  Audits
top  ▼  Filter                                          Default levels ▼
> こんにちはマウスです
```

とりあえずこれからお世話になるパソコンにあいさつしてみよう。母からも最初はあいさつが大切っていわれてるんで！

あいさつは大事だねー。じゃあそのままEnterキーを押してみて。

Enterキーだね。ポチッと。

```
Elements  Console  Sources  Network  Performance  Memory  Application  Security  Audits
top  ▼  Filter                                          Default levels ▼
> こんにちはマウスです
⊗ ▶ Uncaught ReferenceError: こんにちはマウスです is not defined
      at <anonymous>:1:1
> |
```

コンソールを使ってみよう

ああっ！　何か赤い字で怒られた！

あははは。それはあたりまえだよ。あいさつはJavaScriptの命令じゃないもん。

最初にいってよ〜。これ大丈夫なの？

LESSON
04

別に問題ないよ。「意味がわかりません」っていわれてるだけだから。日本語にするとこんな感じかな。

```
Uncaught ReferenceError: こんにちはマウスです is not defined
```
↓
対処できない参照エラー：「こんにちはマウスです」は定義されていません

参照エラー？

コンピューター独特の言い回しだね。「意味があると思って調べたけど、見つけられなかった」ってことだよ。

なるほど……。それにしても、わざと失敗させるなんていじわるだなぁ〜。最初は成功させてよ〜。

ごめんごめん。でも、エラーに慣れておくのって大事だよ。問題があるところを教えてくれるんだから。エラーは友だち！

友だちなんだ……。

MEMO **エラーが起きた場所を確認しよう**

エラーメッセージを見るときに重要なのは、エラーの発生している場所を知ることです。エラーメッセージの右側に表示されているファイル名や行番号を確認しましょう。ファイルに書いたプログラムの場合、行番号をクリックするとプログラムの該当する場所が表示されます。

LESSON 05

足し算、引き算、掛け算、割り算

マウス君の初挑戦はエラーに終わってしまいましたが、今度はちゃんとパソコンに仕事をさせてみましょう。

今度はエラーにならないことをさせてよ。

よし、じゃあコンソールに「1＋2」って入力してごらん。半角モードに切り替えておいてね。全角だとまたエラーになっちゃうから。

わかった。 [半角/全角] キーを押して半角モードに切り替えて、「1＋2」 [Enter] キーと……。

```
> 1+2
< 3
>
```

「3」って出たよ。

そう、1＋2っていう計算をしろって命令だったので、その結果を返してきたわけだね。

他も試してみよう。 ⊠ と ÷ はキーボードのどこにあるの？

×の代わりに [*]、÷の代わりは [/] を使うんだよ。

足し算、引き算、掛け算、割り算

パソコンに計算させる

コンソールに数値と「+」「-」「*」「/」という記号を組み合わせた式を入力すると、その計算結果を表示することができます。計算に使う記号のことを<mark>演算子（えんざんし）</mark>といいます。次のように複数の演算子を使った長い式を書くこともできます。

長い式の例
```
1+22*5+1/2
```

LESSON 05

計算できたー！

学校で習う算数の式とだいたい一緒でしょ。カンタンだよね。

カンタンだけど、これだと電卓でできることと一緒だよね。プログラムを書いたって気がしないなー。

気が早いなー。

> **CAUTION 式は半角モードで入力する**
>
> 式などの JavaScript の命令を全角で入力するとエラーになります。

37

LESSON 06
計算の順番を変えてみよう

長い式を書いた場合、あるルールに沿って順番に計算が行われます。そのルールを身に付けて計算式を使いこなしましょう。

さて、マウス君。「3+5*2」をパソコンに計算させたら、答えは何になると思う。

えーと、3+5は8で、それに2を掛けるから16？

ブッブー！　答えは13です。

あっ、そうか。5*2を先に計算してそれに3足すんだ。算数で習ったのと同じかー。

そういうこと。演算子には優先順位があって、+と-よりも*と/のほうが先に計算されるの。

*が2つあったらどうなるの？

その場合は左から順番に計算するよ。

+や-を先に計算したいときは？

それはこれからやってみよう。

演算子の優先順位

式で使われる演算子には優先順位が決まっています。先ほど黒猫先生がいったように、掛け算と割り算の演算子は優先順位が高いため、先に計算されます。計算の順番については算数で習うものと同じと考えておけば問題ないでしょう。

ただし、JavaScriptで使える演算子は「+-*/」以外にもたくさんあって、優先順位を理解していないと何が起きるかわからなくなってしまうことがあります。すぐに覚える必要はありませんが、おいおい覚えていきましょう。

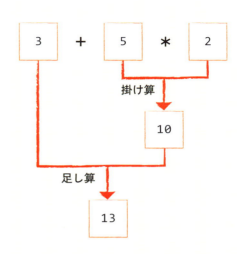

カッコを使って優先順位を変える

計算の順番を変えたい場合は、優先したい部分をカッコで囲みます。

```
(3+5)*2
```

```
> (3+5)*2
< 16
>
```

あ、結構カンタンだった。

 そうだねー。カッコで囲んで優先順位を変えるというのは、計算以外でもよく使うから覚えておいたほうがいいよー。

LESSON 07

文字を表示してみよう

数値と計算のやり方を覚えたら、次は文字の表示に挑戦してみましょう。

さっきマウス君はコンソールにあいさつを入力したじゃない？

はいはい、エラーになりましたね。トラウマだよ！

今度はエラーを出さない方法を教えるね。

それはぜひお願いします！

といっても、文字の前後に'か"を付けるだけなんだけどね。

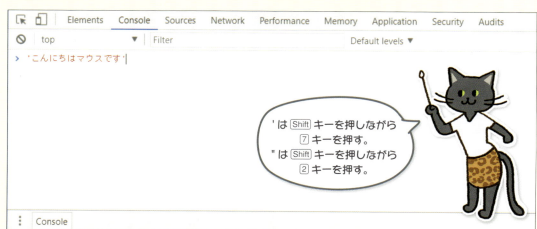

クォートで囲んで文字列にする

　JavaScriptのプログラム中に文章などの文字を使いたい場合は、'（シングルクォート）か"（ダブルクォート）で前後を囲みます。どちらを使ってもいいのですが、Webアプリの制作現場では'（シングルクォート）を使うことが多いようです。クォートで囲んだ文字のことを、文字の集まりという意味で「文字列（もじれつ）」と呼びます。

シングルクォートを使った文字列
　'こんにちはマウスです'

ダブルクォートを使った文字列
　"こんにちはマウスです"

入力したら Enter キーを押してみて。

またエラーになったらどうしよう……。ドキドキしつつポチッと。

```
Elements  Console  Sources  Network  Performance  Memory  Application  Security  Audits
⊘  top         ▼  Filter                          Default levels ▼
> 'こんにちはマウスです'
< "こんにちはマウスです"
>
```

エラーにならないね。ぼくが入力したのと同じ文字がもう一回出てきたけど。

それは文字列としてちゃんと認識されたってことだよ。

エラーになったときと何が違うの？

エラーになったときは「こんにちはマウスです」が命令だと誤解されてしまったの。今度はJavaScriptのルール通りにクォートで囲んだから、これらの文字は命令ではなく文字列というデータだと理解できたわけ。

パソコンがぼくのいいたいことをわかってくれたんだね！トラウマ解消！

LESSON 08

数値と文字列を組み合わせる

数値と文字列という2種類のデータを組み合わせる方法を覚えましょう。一見簡単そうですが、思わぬワナが潜んでいたりします。

ここまでで数値と文字列の書き方を覚えたわけだけど……。

楽勝だったよ！　ドンと来い。

今度はこの2つを組み合わせてみようか。

数値と文字列を組み合わせるってどういうこと？

例えば、「100*5」って計算をして、その結果を「500円です」って表示するとか。

並べて表示するってことか。で、どうやるの？

数値＋文字列って式を書くだけなんだけどね。

なーんだ、またまた楽勝だね。

数値と文字列を連結する

数値と文字列は+演算子を使って連結することができます。+は左右にあるのが数値なら足し算しますが、どちらか一方が文字列だったら連結します。

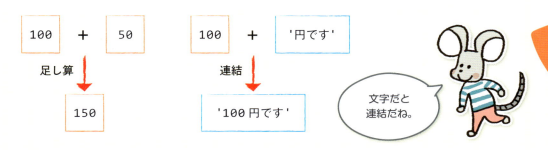

次のように計算の結果に文字列を連結することもできます。

「Not a Number」の略で数じゃないって意味だよ。エラーじゃないけど、意味のある結果じゃないという点ではエラーに近いかな。

数値と文字列の式のワナ

数値と文字列の組み合わせもたいして難しくなかったね。次行こうよ。

ちょっと待った！　これを見てごらん。

```
> '合計は'+100+200+'円です'
< "合計は100200円です"
>
```

あれ？　100+200が100200円になっちゃってる。

　数値と文字列を組み合わせる場合に気を付けないといけないのは、順番によっては数値が文字列として連結されてしまうという点です。この場合だとまず「'合計は'+100」が連結されて「'合計は100'」という文字列になってしまいます。その次は「'合計は100'+200」という連結になるので、「'合計は100200'」になってしまいます。

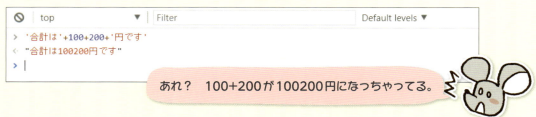

　数値の計算のところをカッコで囲んで優先順位を変えれば問題は解決するので、最初から念のため囲んでおくことをおすすめします。

```
> '合計は'+100+200+'円です'
< "合計は100200円です"
> '合計は'+(100+200)+'円です'
< "合計は300円です"
>
```

まだまだある数値と文字列の式のワナ

　JavaScriptで数値を扱う場合に注意しないといけないのが、「数値に見える文字列」が混在して計算がおかしくなってしまうことです。「数値に見える文字列」とは、例えば'100'のように、'1'と'0'と'0'という数字が並んだものです。プログラムを書くときに気を付けておけばよさそうな気もしますが、JavaScriptではフォームに入力されたデータや、サーバーサイドから送られてきたデータも扱うので、「数値に見える文字列」というデータが容易に混入します。

LESSON 08

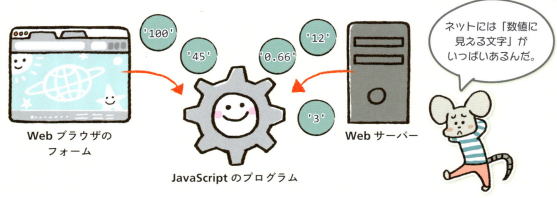

　この現象に対処するために、数値に見える文字列を数値に変換するparseInt関数やparseFloat関数といった組み込み関数を使います。

関数で数値に変換

```
parseInt('100')
parseFloat('2.5')
```

```
> parseInt('100')
< 100
> parseFloat('2.5')
< 2.5
>
```

このparseIntとかparseFloatって何？

これは関数（かんすう）っていって、要するに命令の一種なんだけど、もうちょっと後で説明するね（P.68）。とりあえず今は「数値に見える文字列」っていうものがあることだけ、覚えておいてね。

Chapter 2 手軽にプログラミングを体験してみよう

LESSON 09

データを記憶する変数を使ってみよう

より複雑な仕事をするプログラムを作るための第一歩として、データを記憶する変数の使い方を覚えましょう。

 ここまでいろいろな式を入力してもらったけど、どれも結果を出したところで完了してるから、先につながらないのよね。

 そういわれてみると、そうかなー。

 もっと複雑な仕事をするプログラムを作るためには、新しい武器を身に付けないといけないの。その第一が「変数（へんすう）」よ。

 変数？　「数」がつくから数値の一種？

 変数は数値じゃないよ。数値や文字列とかのデータをしばらく記憶しておくためのものなの。

 記憶することがそんなに重要なの？

 例えばマウス君がお母さんに頼まれて買い物に行くとするじゃない。で、お店についたときに何を頼まれたのか覚えてなかったら、買い物という仕事は完了できないわけ。

 ぼく、そんなに忘れっぽくないし、ちゃんとメモ取るよ〜。

 とにかく！　データを記憶するってことは大事ってこと。

変数にデータを記憶しよう

　連携せずにバラバラに仕事している命令や式をたくさん並べても、たいした成果は挙げられません。1つの命令の結果を他の命令に渡して受け継いでいけば、もっと複雑な仕事ができるようになります。そのために必要なのが、データを記憶する仕組みです。それがここで説明する「変数」です。中身が変化するものという意味で、英語ではVariable（バリアブル）といいます。

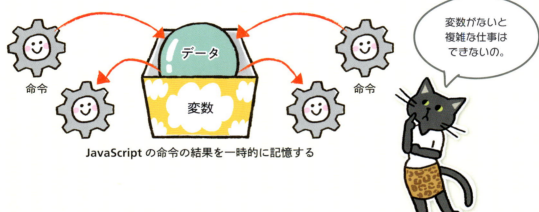

JavaScript の命令の結果を一時的に記憶する

　変数にデータを記憶するには、次のように書きます。

変数の作成
```
var kazu = 3;
```

　先頭の「var」は新しい変数を作るためのキーワードです。そのあとに半角スペースを空けて変数の名前を書きます。ここでは「kazu」という変数を作成しています。次の「= 3」で変数に3という数値を記憶し、文の最後に;（セミコロン）を書きます。

他の半角スペースはなくてもいいけど、varとkazuはつなげちゃダメだよ。varkazuって単語になっちゃうから。

何か簡単なような難しいような……。わかったようなわかってないような……。

習うより慣れろ。実際にやってみよう！

コンソールで変数を利用する

① 変数を作成する

❶コンソールに「var kazu = 3;」と入力して[Enter]キーを押します。

=(イコール)は右から左へコピーする演算子だよ。kazuという名前の箱に「3」って数値が入ったところをイメージして！

=（イコール）は箱に入れるイメージ！

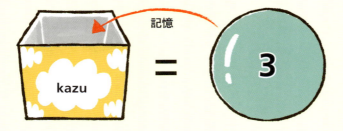

「undefined」って結果が出てるけど……。

そこは今は無視していいよ。箱にデータが入るイメージ！

は、はい。イメージしたよ。

データを記憶する変数を使ってみよう

② 変数を使って計算する

❶ コンソールに「kazu * kazu」と入力して Enter キーを押します。

③ 計算の結果が表示された

計算結果の「9」が表示されます。

LESSON 09

何で「kazu * kazu」が9になるの？

さっき「kazu」に「3」を記憶したでしょう。だから「kazu * kazu」は「3 * 3」と同じ結果になったの。

「kazu * kazu * kazu」って書けば「3 * 3 * 3」になるから……。

変数の中身を書き替える

素朴な疑問なんだけど……。

はい、素朴な疑問どうぞ！

「3 * 3」とか「3 * 3 * 3」って書いたほうが短いよね？

ナイス素朴な疑問！　これを試してみるとわかるんじゃないかな。

① 変数に別の数値を記憶する

❶「kazu = 4;」と入力して Enter キーを押します。作成済みの変数の内容を書き替えるので、varは不要です。

② 変数の内容が書き換わった

「kazu = 4;」という式の結果として「4」と表示されますが、これは無視してかまいません。

③ 変数を使って計算する

❶「kazu * kazu * kazu」と入力してEnterキーを押します。↑キーを何回か押すと、前に入力した内容が順番に表示されるので楽に入力できます。

④ 計算の結果が表示された

計算結果の「64」が表示されます。

こういうイメージか〜。

kazuの中身が「4」だから、「4 * 4 * 4」で「64」ってことだね。

そういうこと。ここで注目してほしいのは、同じ「kazu * kazu * kazu」という式なのに結果が変わるってこと。変数の中身を書き替えただけで結果がガラッと変わるのが便利なところなのよ。

変数の名前の付け方を知っておこう

変数は計算するときに便利な機能なんだね。

計算以外にも役立つけど、そこはいろいろ覚えていけばわかってくると思うよ。ここで変数の作り方のルールをあらためて説明するね。

　変数を作成することを「変数を定義する」といい、varキーワードの後に変数名を書きます。定義するときに＝（イコール）を利用して初期値を記憶できますが、しなくてもかまいません。，（カンマ）で区切って複数の変数をまとめて定義することもできます。

変数の定義

```
var a;                  aという名前の変数を定義
var a = 100;            変数を定義して初期値を記憶
var a, b, c;            3つの変数を定義
```

変数に使える名前には、次のルールがあります。

- アルファベット、数字、$（ダラー）、_（アンダースコア）の組み合わせが使用できる。
- ただし数字のみの名前は数値と区別ができないのでダメ。
- アルファベットは大文字・小文字を区別するが、一般的に小文字のみを使う。
- JavaScriptで使用するifやforなどのキーワード（予約語）は使えない。

データを記憶する変数を使ってみよう

LESSON 09

ルールではないけど、変数名はあとから見たときにわかりやすいものにしようね。a、b、cとかx、yよりは、kazuとかname、passwordとか何を記憶しているのか推測できるものがベターよ。

わかりやすければ長い名前でもいいの？mousehasugoieraitensaiとか。

長くてもいいけど、単語の区切りのところに_(アンダースコア)入れたほうがいいね。

じゃあ、mouse_ha_sugoi_erai_tensai！

まぁ入力が大変にならない程度の長さにね。

MEMO　Webページを再読み込みすると変数はどうなる？

変数の寿命は最長でもWebページを再読み込みするまでです。再読み込みすると変数はすべて消えてしまいます。その状態で変数を利用した式を入力すると、見つからないという意味のReferenceErrorが表示されます。再読み込みしたりWebブラウザを閉じたりしたあとまでデータを残しておきたい場合は、サーバーサイドにデータを送って保管しておくなどの工夫が必要になります。

Chapter 2 手軽にプログラミングを体験してみよう

LESSON 10

プログラムをファイルに書いてみよう

コンソールに書いたプログラムは保存できません。テキストエディタを使ってファイルに書いてみましょう。

コンソールにプログラムを書いてもらったけど、Webブラウザを終了すると消えちゃうんだよね。

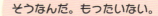

そうなんだ。もったいない。

これからもうちょっと長いプログラムを書くことになるから、ファイルに保存するやり方を覚えておこう。

ぜひお願いします！

最初にもちょっと話したけど、JavaScriptはWebページを動かすためのものだから、先にWebページを作らないといけないよ。

あー、何か大変そうだね。

試すだけなら、HTMLを書いて形だけ用意しておけばいいからそうでもないよ〜。

54

Webページを作ってみよう

プログラムをファイルに書いてみよう

JavaScriptのプログラムを動かすには、まずWebページが必要です。WebブラウザでWebページのファイルを読み込むと、そのWebページの中の指示にしたがってJavaScriptのプログラムが読み込まれて実行されます。

Webページを作るには、==HTML（HyperText Markup Language）==という言語を使います。

LESSON 10

え、JavaScriptを覚えるためにHTMLも覚えないといけないの？

覚えないといけないね〜。JavaScriptはWebページを動かすためのプログラミング言語だからね。

プログラミング言語を覚えるためにプログラミング言語を覚えないといけないなんて……。

HTMLはプログラミング言語ではないのよ。マークアップ言語といって文書にタグという印を入れるものなんだ。

HTMLのサンプル

```html
<!DOCTYPE html>
<html>
  <head>
    <meta charset="utf-8">
    <title>黒猫先生の日記帳</title>
  </head>
  <body>
    <h1>黒猫先生の今日のレシピ</h1>
    <ul>
      <li>カツオブシ</li>
      <li>アジの干物</li>
      <li>イワシ</li>
    </ul>
  </body>
</html>
```

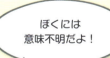
ぼくには意味不明だよ！

55

うひ～、よくわからない記号がいっぱいです。

まぁ、JavaScriptをちょっと動かすだけならHTMLを100％覚えなくてもいいから、そんなに心配しなくても大丈夫だよ。

Atomを使ってHTMLを書いてみよう

HTMLやJavaScriptのファイルはどちらもテキストファイルの一種なので、テキストエディタを使って作成します。第1章でAtomをインストールしたので、Atomを使いましょう。デスクトップにAtomのアイコンが配置されているので、ダブルクリックして起動してください（macOSの場合は［アプリケーション］フォルダーの中にアイコンがあります）。

① 新規ファイルを作成する

❶［ファイル］メニューの［新規ファイル］を選択します。

② 新規ファイルが作成された

新規ファイルが作成され、タブが表示されます。

③ HTMLファイルとして保存する

❶［ファイル］メニューの［保存］を選択します。

とりあえず保存しよう。

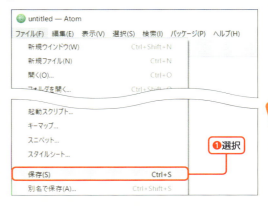

④ 保存場所のフォルダーを選ぶ

［Save File］ダイアログボックスが表示されます。❶適当な保存場所を選んでください。

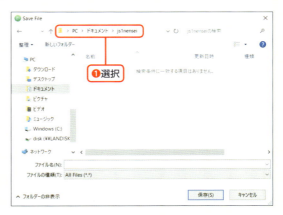

適当な場所ってどこにしたらいいの？

じゃあ［ドキュメント］フォルダーの中に［js1nensei］ってフォルダーを作ってそこに保存することにしようか。

フォルダーってどうやって作るの？

左の［ドキュメント］ってところをクリックして、上の［新しいフォルダー］ってとこをクリックすると、フォルダーを作成できるよ。

LESSON 10

⑤ ファイル名を付けて保存する

❶［ファイル名］に「c2test.html」と入力し、❷［保存］をクリックします。

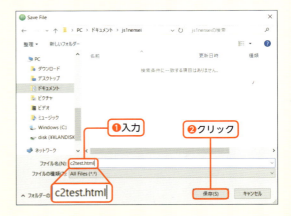

ファイル名は何でもいいんだけど、半角英数字の名前にすることと、最後は必ず「.html」にすることは守ってね。

.（ドット）を打って「html」と。

そうそう。ファイル名の末尾が「.html」になっていないとWebブラウザがHTMLのファイルだと理解してくれないの。エクスプローラーを使って保存したファイルを表示してみて。

はいはい……。あった。Chromeのアイコンになってるね。

ファイルの最後の「.html」は拡張子（かくちょうし）っていうの。表示されていない場合は、エクスプローラーの［表示］タブで［ファイル名拡張子］をオンにしてね。

プログラムをファイルに書いてみよう

HTMLを書いてみよう

それではc2test.htmlの中にHTMLを書いてみましょう。といってもHTMLの詳しい説明は第4章でやるので、ここではAtomのスニペット機能を使って簡単に作ってみましょう。

① 「html」と入力する

❶「html」と入力します。ツールチップが表示されるのでそのまま Tab キーを押します。

② HTMLのひな形が入力される

HTMLファイルに最低限必要な部分が自動入力されます。

LESSON
10

一瞬で
入力完了！

うわっ！ どうなったの、これ？

これぞAtomのスニペット機能！ HTMLやJavaScriptでよく使われる文を、途中まで入力した文字から推測して自動入力してくれるのだ。

便利だな〜。書いてあることの意味はわかんないけど。

ちなみに「.html」の拡張子がついたファイルの中じゃないと、HTML用のスニペットは使えないの。だから先に保存したんだよ。

59

JavaScriptを書いてみよう

WebページでJavaScriptを利用するには、HTMLファイルの中に書いてしまう方法と、別ファイルに書いてHTMLに読み込む指示を書く方法の2通りがあります。今回は試しやすいHTMLファイルの中にJavaScriptのプログラムを書いてみましょう。

Atomのスニペットによって入力されたHTMLは次のようになっているはずです。

c2test.html

```html
<!DOCTYPE html>
<html>
  <head>
    <meta charset="utf-8">
    <title></title>
  </head>
  <body>

  </body>
</html>
```

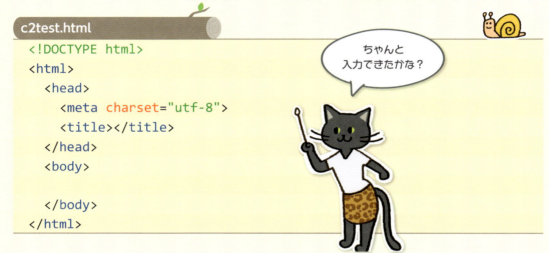

次のように書き加えてください。

c2test.html

```html
<!DOCTYPE html>
<html>
  <head>
    <meta charset="utf-8">
    <title>テストのWebページ</title> ……ページタイトルを入力
  </head>
  <body>
    <script>
      var kazu = 3;
      console.log(kazu * kazu);
    </script>
  </body>
</html>
```

……JavaScriptのプログラムを入力

プログラムをファイルに書いてみよう

<script>と</script>の間に書いた2行がJavaScriptのプログラムだね。

とりあえず動かしてみよう。HTMLファイルを保存したら、ファイルのアイコンをWebブラウザにドラッグ＆ドロップしてみて。

LESSON
10

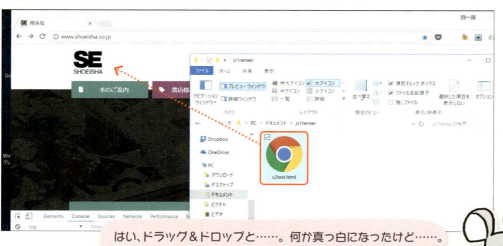

はい、ドラッグ＆ドロップと……。何か真っ白になったけど……。

何にも起きないじゃん！

いやいや、ちゃんと結果出てるよ。よく見て。

え、どこ？

ほら、コンソールのところ。

あ、「9」って出てる。

あとタブのところにページタイトルが表示されてる。

何か地味だな〜。

まぁ、さっきまでコンソールに書いていたプログラムとほとんど同じだからね〜。

HTMLの中に書いたプログラム

HTMLはひとまず置いておいて、<script></script>の間に書いたJavaScriptのプログラムだけを見てみましょう。

サンプルのJavaScriptプログラム

```
var kazu = 3;
console.log(kazu * kazu);
```

1行目は変数kazuの定義です。これはコンソールに入力したものとまったく同じです。2行目の中のkazu * kazuも変数kazuにkazuを掛けるという式なのでわかりますね。つまり、今回新しく出てきたのはconsole.log();の部分だけというわけです。

プログラムをファイルに書いてみよう

コンソールに入力したときは、「kazu * kazu」だけで「9」って結果が出てたよね。「console.log();」はいらないんじゃないの？

そこがコンソールでプログラムを動かすときと違うところなのよね〜。そこを取ってもエラーにはならないけど何も表示されなくなっちゃう。

何で？

LESSON
10

コンソールに入力した式の結果は必ずコンソールに表示されるけど、コンソール以外に書いた場合はどこに表示するかを指示しないといけないの。それが「console.log();」のところ。

なるほど。「console」はコンソールのことだもんね。

logというのはコンピュータの用語で「プログラム実行中に残す記録」という意味。「コンソールに記録を残せ」って命令になるわけ。

対象　　　　　命令

console.log()

コンソール
9

記録を残せ

ははー。何となくわかってきたぞ。

console.log()みたいに「対象.命令()」という書き方は今後もよく出てくるから覚えておいてね。

文の最後には「;」を書く

「var kazu = 3;」と「console.log(kazu * kazu);」はそれぞれ「変数を定義する」「計算結果をコンソールに表示する」という仕事をしています。このようにプログラム中で1つの仕事をする部分を「文（Statement）」といい、==最後に区切りとして；（セミコロン）を書きます==。

まぁ文章の最後に「。」を書くようなものね。

「;」は特に何かをするわけじゃなくて、終わりの印なんだね。

実はJavaScriptの場合、「;」を忘れても改行していれば文と見なしてくれるんだけど、一応入れておくようにしよう。

MEMO コンソールにundefinedと表示されたワケ

P.48でコンソールに「var kazu = 3;」と入力したときに「undefined」と表示されていたのを覚えていますか？　コンソールは式や文が入力されると、何かしら結果を表示しようとします。「var kazu = 3;」は表示するような結果が何もなかったため、未定義という意味のundefinedというキーワードが表示されたのです。

これ気になってたんだよー！

この章でやること

この章ではパソコンに命令をするために、関数とメソッドを見ていくわよ。

関数は材料（引数）を入れると新しいデータを作成するよ。

メソッドは、データ（オブジェクト）についている機能で、これを使えばいろいろな仕事をさせられるよ。

パソコンにさらに複雑な命令をするために、if 文や for 文も勉強していくよ。覚えることがいっぱいだー。

LESSON 11
関数とメソッドを使ってみよう

JavaScriptから利用できる命令には「関数」と「メソッド」の2種類があります。それらの使い方を覚えましょう。

ここまで計算とか変数とかをやってきたじゃない。あれもパソコンに何かをさせるための命令といえば命令なんだけど……。

もっと他にもあるの？

そう。それが関数（かんすう）とメソッド。

関数とメソッドは何ができるの？

何か1つのことをするためのものじゃなくて、JavaScriptにいろいろな命令を付け足すための仕組みなの。

……合体してパワーアップ！みたいな？

そう、まさにパワーアップして使えるようになったワザみたいな！

ふぉー、すごい！

関数やメソッドは自分でも作れるんだけど、先に使い方だけ覚えましょう。

関数とメソッドの役割とは？

これまでは大ざっぱに「パソコンに何かをさせるための命令」と説明してきましたが、JavaScriptのルール（文法）として決められている命令と、後から追加・拡張できる命令の2種類があります。このような2つに分かれた構造によって、文法部分を変えることなく「JavaScriptでできること」を後から増やしていくことができるのです。Webページを操作することから、スマートフォンアプリを作ったりロボットを操作したりすることまで、JavaScriptの用途は無限に広がっていきます。

変数や演算子などは文法、後から追加・拡張可能なものを関数・メソッドと呼びます。

文法	追加・拡張できるもの
変数、演算子、if文、for文、function文など	関数、メソッド、プロパティ

関数の使い方

まずは関数の使い方から説明していきましょう。関数を実行することを「呼び出す」といい、関数を呼び出すには関数名のあとに()を付けます。このカッコの中に関数に渡すデータを入れます。このデータのことを引数（ひきすう）と呼びます。

関数の基本的な使い方
戻り値を収める変数 = 関数名(引数)

呼び出された関数は何かの仕事をしたあと、結果として数値などを返すことがあります。この結果の値を戻り値（もどりち）と呼びます。

LESSON 11

関数の利用例として、第2章でも紹介したparseInt関数とparseFloat関数を見てみましょう。これらは数値の文字列を数値に変換します。parseInt関数は小数点以下を切り捨てた整数を、parseFloat関数は小数点以下も含めた値を返します。

関数の利用例

```
var a = parseInt('100.5');   …… 数値の100を返す
var b = parseFloat('100.5'); … 数値の100.5を返す
```

これ前も見たよね？ 他の例はないの？

実は、最初から用意されている関数ってそんなに多くないのよ。後で説明するけど関数は自分で作ることのほうが多いの。

🌰 関数とちょっと違うメソッド

メソッドは関数の一種です。使い方は関数とほぼ同じなのですが、1つだけ大きく異なる点があります。それは<u>オブジェクトという部品の一部</u>だということです。オブジェクトはデータの一種で、プログラムによって操作する何かを表しています。例えば、Webページ内の文字や画像、ウィンドウやボタンなど、さまざまなものを表しています。オブジェクトは複数のメソッドを持っていて、それを呼び出してオブジェクトを操作します。

メソッドを使うときはオブジェクトが入った変数のあとに「.」を挟んでメソッド名を書きます。

メソッドの基本的な使い方

戻り値を収める変数 ＝ オブジェクト変数.メソッド名(引数)

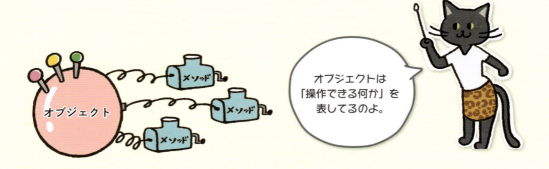

オブジェクトは「操作できる何か」を表してるのよ。

関数とメソッドを使ってみよう

何か一気に難しくなったような……。

まぁ、オブジェクトとかメソッドとか新しい言葉がでてきたからね。でも、慣れてしまえば意外とわかりやすいものなのよ。例えば、前に「console.log()」というのを使ったけど……。

メソッドの利用例
```
console.log('Hello');
```

consoleがオブジェクトでlogがメソッドなの。

consoleはブラウザの下に出てるコンソールを表すってこと？

そういうこと。consoleというのは標準で用意されている変数で、その中にコンソールを表すオブジェクトが入っているの。それをlogメソッドを使って操作しているわけ。

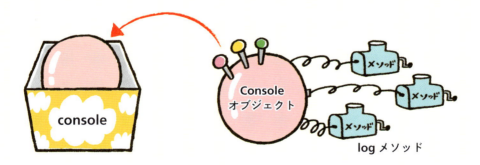

何となくわかったような気がするな……。

何となくわかれば大丈夫よ。実際にちょっとやってみましょう。

LESSON 11

メソッドを使ってみよう

第2章の最後のレッスンを参考にして、「c3test.html」というHTMLファイルを作ってみましょう。Webページのタイトルと<script></script>を追加しておいてください。

c3test.html

```html
<!DOCTYPE html>
<html>
  <head>
    <meta charset='utf-8'>
    <title>テストのWebページ</title>
  </head>
  <body>
    <script>
    </script>     ……scriptタグを入力
  </body>
</html>
```

> P.56 でやったのと同じだよ～。

<script></script>の間に次の2行を入力してください。

c3test.html

```html
<!DOCTYPE html>
<html>
  <head>
    <meta charset='utf-8'>
    <title>テストのWebページ</title>
  </head>
  <body>
    <script>
      window.alert('印刷するよ');    ………メッセージボックスを表示
      window.print();                ………………印刷画面を表示
    </script>
  </body>
</html>
```

入力し終わったら、Webブラウザにc3test.htmlをドラッグ＆ドロップして開いてください。まず「印刷するよ」というメッセージが表示されるので、[OK]をクリックすると印刷画面が表示されます。

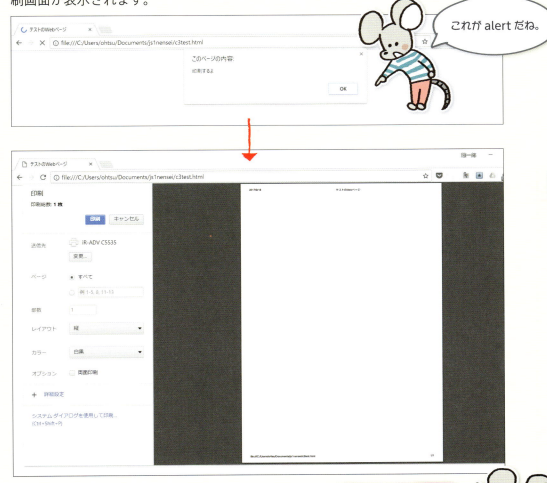

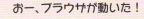

おー、ブラウザが動いた！

「window」はWebブラウザのウィンドウを表すオブジェクトが入った変数ね。consoleと同じで最初から用意されているの。まずはalertメソッドを呼び出してメッセージを表示し、次にprintメソッドで印刷画面を表示したってわけ。

オブジェクトとメソッドがわかれば、いろんなことができるんだね。

LESSON 12

if文で条件ごとに処理を切り替える

if 文は「制御構文」というものの一種で、プログラムの流れを切り替えることができます。コンピューターに「判断」をさせる仕組みです。

さっきのプログラムではメッセージを表示したら、次は何をしても印刷画面が表示されたね。

そうだね。でも、印刷をやめたくなったらどうしよう？

そこで必要になるのがif文、条件分岐ってやつなの。

条件分岐……？

例えば確認のダイアログボックスを表示して、ユーザーが [OK] をクリックしたという条件を満たしたときだけ印刷画面を表示。[キャンセル] が押されたら何もしない。これが条件分岐よ。

へえー。いろんなとこで使えそうだね。

いろんなとこで使えるわよー！

if文と条件分岐

　プログラムは原則的に上の行から下の行へと順番に実行されていきます。この流れを変えるのが「制御構文」というもので、if文はその一種です。ifというキーワードのあとに()を書き、その中に条件式を書きます。条件式が満たされていた場合、その直後の{ }の中の文が実行されます。

書式：if文
```
if(条件式){
    条件を満たしているときに実行する処理
}
```

LESSON 12

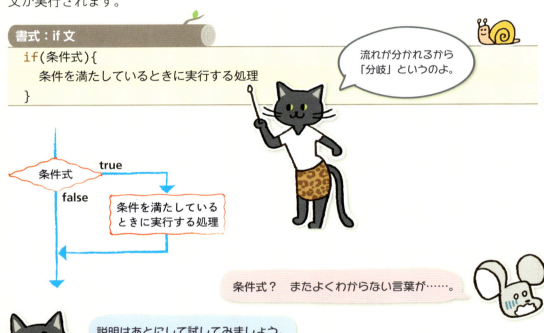

c3test.htmlを開いて、プログラムを次のように書き直してください。

c3test.html
```
<!DOCTYPE html>
<html>
  <head>
    <meta charset='utf-8'>
    <title>テストのWebページ</title>
  </head>
  <body>
```

```
      <script>
        var ans = window.confirm('印刷してもいい？');  ……❶
        if (ans == true){ ……………………………………………❷
          window.print();
        }
      </script>
    </body>
</html>
```

　入力し終わったら上書き保存して、Webブラウザで再読み込みします。すると、「印刷してもいい？」というメッセージが表示されます。[OK] をクリックすると印刷画面が表示されますが、[キャンセル] をクリックするとメッセージが消えるだけで何も起きません。

[OK]と[キャンセル]を押したときでプログラムの流れが変わったのがわかった？

if文で条件ごとに処理を切り替える

なるほどー。これが「条件分岐」なんだね。

それじゃプログラムの中身を確認してみましょう。

❶の文ではwindowオブジェクトのconfirmメソッドを呼び出しています。このメソッドは確認ダイアログボックスを表示し、[OK]ボタンをクリックしたら戻り値としてtrueを返します。今回は戻り値を変数ansに記憶させています。

c3test.html（9行目）
```
var ans = window.confirm('印刷してもいい？');
```

次の❷がif文です。「ans == true」が条件式で、confirmメソッドの戻り値がtrueであれば条件を満たしたことになり、{}の間の処理を実行します。

c3test.html（10行目）
```
if (ans == true){ }
```

if文の全体は次のようになります。{}の間にprintメソッドの呼び出しを書いています。=={}をブロックと呼び、複数の文をまとめる働きを持ちます。==

c3test.html（10行目）
```
if (ans == true){
    window.print();
}
```

{}の中にはいくつでも文を書けるの。

どこまでが条件を満たしたときに実行する処理かわかるように{}で囲んでるんだね。

LESSON 12

条件式の結果はtrueかfalseになる

　条件式を書くには、条件用の演算子を使います。これで左の値を右の値と比較し、条件が満たされていた場合はtrue（トゥルー）を、満たされていなかった場合はfalse（フォルス）という結果を返します。if文は( )内の結果がtrueのときだけブロック内の処理を実行します。

演算子	働き	例
==	等しい	a == b
!=	等しくない	a != b

演算子	働き	例
<	小さい	a < b
>	大きい	a > b

演算子	働き	例
<=	以下	a <= b
>=	以上	a >= b

trueは真実って意味だよね。falseはその逆だからウソって意味かな。

例えば「a > 5」という条件式の結果は真実、それともウソ？

それはわかんないな……。aの中身がわからないし。

そのとおり。「a > 5」という条件式が真実になるかウソになるかは、変数aの値次第ってわけ。

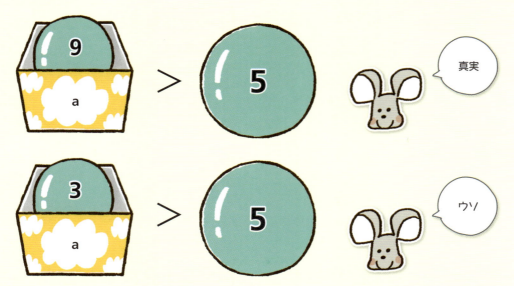

プログラムを書き直して、ユーザーが入力した数値が5より大きいか判定させてみましょう。ユーザーに何かを入力させるには、windowオブジェクトのpromptメソッドを使います。promptメソッドの戻り値は必ず文字列になるので、parseInt関数で数値に変換してから条件式で比較します。

c3test.html

```html
<!DOCTYPE html>
<html>
  <head>
    <meta charset='utf-8'>
    <title>テストのWebページ</title>
  </head>
  <body>
    <script>
      var ans = window.prompt('数を入力して');
      ans = parseInt(ans);
      if (ans > 5){
        window.alert('5より大きい');
      }
    </script>
  </body>
</html>
```

> ちょっとずつプログラムが長くなってきたな。

> 5以下だと何も起こらないよ

条件式がfalseのときに実行する

条件式がfalseのときにも何かしたい場合は、if文のブロックの後にelse文を追加し、ブロック内に処理を書きます。

c3test.html

```html
<!DOCTYPE html>
<html>
  <head>
    <meta charset='utf-8'>
    <title>テストのWebページ</title>
  </head>
  <body>
    <script>
      var ans = window.prompt('数を入力して');
      ans = parseInt(ans);
      if (ans > 5){
        window.alert('5より大きい');
      } else {
        window.alert('5以下');
      }
    </script>
  </body>
</html>
```

……ここを追加

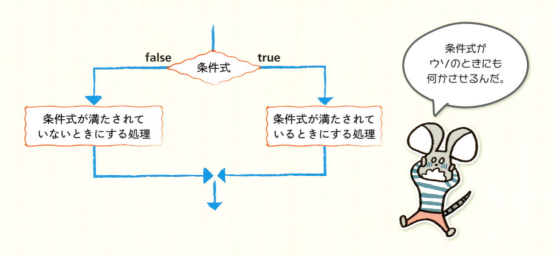

if文で条件ごとに処理を切り替える

LESSON 12

数値が5より大きいときと5以下のときでメッセージが変わるようになったね。

パソコンが考えて答えてくれてるみたいでしょ？

でも、ホントはプログラムに書いたとおりに動いてるだけだよね。

そのとおり、パソコンは考えてくれない。だから、ユーザーがどういう返事を求めているかをイメージしながらプログラムを書かないといけないんだよ。

LESSON 13
for 文で仕事を何度もくり返す

for 文は「制御構文」の一種で、指定した回数だけ処理をくり返すことができます。

マウス君、1から10までの合計って出せる?

え〜と、1＋2は3で、3+3は6で、6+4は10で……。

手で計算すると大変よね。

10+5は15で、15+6は21で……。

こういう足し算のくり返しはfor文を使うと簡単にできるの。しかも、1〜10を足すのも1〜100を足すのもくり返し回数を変えるだけでできちゃう。

21+7は……、あれ21+6だったかな……。あー、話しかけるからわかんなくなっちゃったよ！

こういう機械的なくり返しはプログラムでやっちゃいましょう。

for文とくり返し処理

for文は制御構文の一種で くり返し処理 を書くときに使います。forのあとの()の中に、くり返し回数を記録するカウンタ変数に初期値を入れる式、くり返す条件の式、カウンタ変数を増減する式の3つを、;（セミコロン）で区切って入力します。

> **書式：for文**
>
> ```
> for(var カウンタ変数=初期値; くり返し条件式; カウンタ変数を増減する式){
>     くり返したい処理
> }
> ```

LESSON 13

```
カウンタ変数の初期化
   ↓
   → くり返し条件式 ──false──→ くり返し終了
   │      │ true
   │      ↓
   │   くり返したい処理
   │      ↓
   └── カウンタ変数を増減する式
```

「ちょっと複雑なのよねー。」

 ;(セミコロン)と:(コロン)は間違えやすいので注意してね。

if文よりさらにややこしいなあ。

 式が3つもあるからね。具体例を見ながら慣れていこう。

1〜10をくり返したい場合、式は次のようになります。この例ではカウンタ変数はiで初期値は1、10までくり返すのでくり返し条件式は「i<=10」、増減する式は1ずつ増やすので「i++」となります。i++はi=i+1の短縮形です。

for 文の例

```javascript
for(var i=1; i<=10; i++){
    くり返したい処理
}
```

まだわかんないなぁ。

パソコンになったつもりでプログラムを順番に追いかけていきましょう。まず、カウンタ変数を初期化する式はくり返し処理の最初に1回だけ行われるの。ここではカウンタ変数のiに1が入るわ。

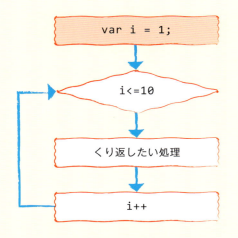

次にくり返し条件をチェックするけど、iが1のときは「i<=10」は正しいから、ブロック内のくり返し処理が実行されるのよ。

ふむふむ。

for文で仕事を何度もくり返す

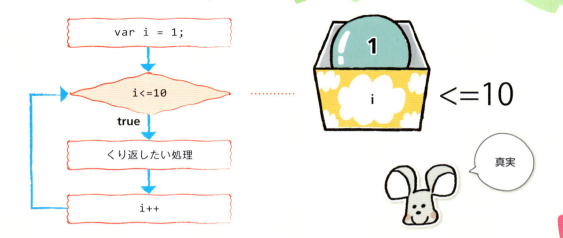

ブロックの処理が終わったら、カウンタ変数の増減式によってiが1増えて、for文のところまで戻る。で、またくり返し条件をチェックする。

今度はiが2に増えてるけど、まだ「i<=10」は真実だね。

そう、だからブロック内のくり返し処理が実行されるの。

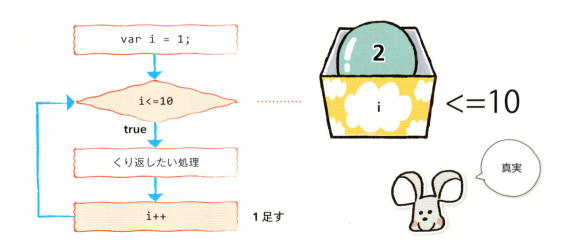

LESSON 13

これをくり返していくと、やがてiは11になる。

iが11になったら、「i<=10」はウソになるね。

そういうこと。これでくり返し終了。

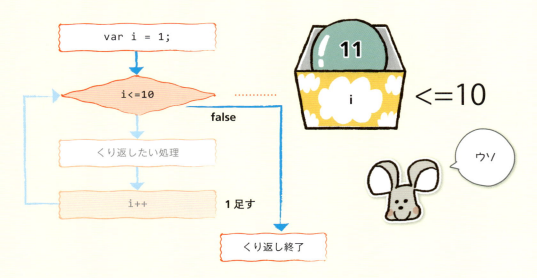

はは〜ん。わかった気がするよ。

for文は初期値と終了値だけ変えればいいって覚えてもいいわね。それでだいたいの用事は足りるから。

for文で仕事を何度もくり返す

 ## for文を試してみよう

c3test.htmlを書き替えて、1〜10を合計させてみましょう。合計値を記録させておく変数sumは別に用意して、そこにカウンタ変数iを足していきます。

c3test.html

```html
<!DOCTYPE html>
<html>
  <head>
    <meta charset='utf-8'>
    <title>テストのWebページ</title>
  </head>
  <body>
    <script>
      var sum = 0;
      for(var i=1; i<=10; i++){
        sum = sum + i;
        window.document.write('<p>' + sum + '</p>');
      }
    </script>
  </body>
</html>
```

……書き替える

LESSON 13

1〜10を足すと答えは55になるんだ。

でも、「sum = sum + i;」って何か不思議だね。

これは変数sumと変数iの値を足した結果を、変数sumに記憶するって意味よ。=（イコール）を「変数に記憶する」って読み替えるとわかりやすいよ。

window.document.writeとか<p>とかも初登場だよね。

documentはWebページそのものを表すオブジェクトが入っている変数よ。そしてwriteはWebページに文字を書き込むメソッドなの。だから、結果がWebページに表示されたでしょう。

「window.」は？

documentオブジェクトはwindowオブジェクトが持っているの。これは「windowオブジェクトが持つdocumentオブジェクトのwriteメソッドを呼び出す」って意味になるわけ。

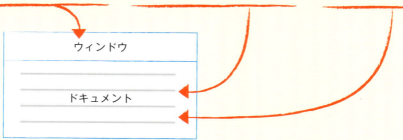

ちなみに「'<p>' +」と「+ '</p>'」はHTMLのタグというものを追加しているの。あとで説明するけど、これがないと改行してくれないの。

式を表示して結果をわかりやすくする

　計算結果だけだとわかりにくいので、式も表示させてみましょう。変数shikiを用意して文字列の'0'を記録し、そこに「+i」を連結していきます。

c3test.html

```html
<!DOCTYPE html>
<html>
  <head>
    <meta charset='utf-8'>
    <title>テストのWebページ</title>
  </head>
  <body>
    <script>
      var sum = 0;
      var shiki = '0';                    ……… 変数shikiを'0'で初期化
      for(var i=1; i<=10; i++){
        sum = sum + i;
        shiki = shiki + '+' + i;          ……… 変数iを連結
        document.write('<p>' + shiki + ' = ' + sum + '</p>');
      }
    </script>
  </body>
</html>
```

LESSON 13

MEMO window.は省略してもOK

「window.」は省略してもいい決まりになっています。ですから、「window.alert()」と書く代わりに「alert()」と書いても、「window.document.write()」と書く代わりに「document.write()」と書いてもエラーにはなりません。

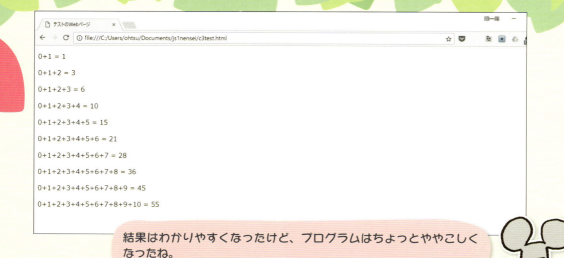

結果はわかりやすくなったけど、プログラムはちょっとややこしくなったね。

連結の「+」と足し算の「+」と文字列の「'+'」が混ざってるからねー。頭を整理して考えればそんなに複雑じゃないよ。

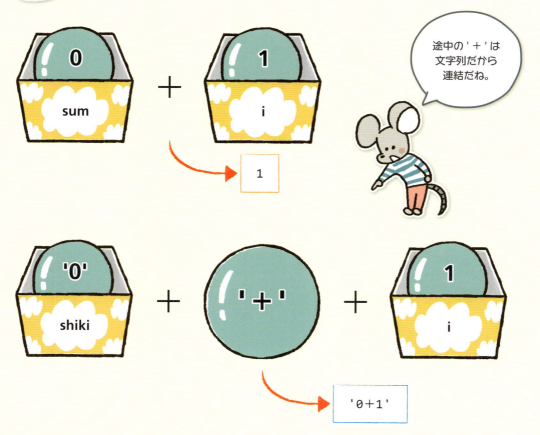

途中の'+'は文字列だから連結だね。

for文で仕事を何度もくり返す

足し算と連結は別、足し算と連結は別……。

for文の「i<=10」のところを20とか30とかに変えれば、ほとんど同じプログラムでも結果がガラッと変わるんでぜひ試してみてね。

```
0+1+2+3+4+5+6+7+8+9+10+11+12+13 = 91
0+1+2+3+4+5+6+7+8+9+10+11+12+13+14 = 105
0+1+2+3+4+5+6+7+8+9+10+11+12+13+14+15 = 120
0+1+2+3+4+5+6+7+8+9+10+11+12+13+14+15+16 = 136
0+1+2+3+4+5+6+7+8+9+10+11+12+13+14+15+16+17 = 153
0+1+2+3+4+5+6+7+8+9+10+11+12+13+14+15+16+17+18 = 171
0+1+2+3+4+5+6+7+8+9+10+11+12+13+14+15+16+17+18+19 = 190
0+1+2+3+4+5+6+7+8+9+10+11+12+13+14+15+16+17+18+19+20 = 210
0+1+2+3+4+5+6+7+8+9+10+11+12+13+14+15+16+17+18+19+20+21 = 231
0+1+2+3+4+5+6+7+8+9+10+11+12+13+14+15+16+17+18+19+20+21+22 = 253
0+1+2+3+4+5+6+7+8+9+10+11+12+13+14+15+16+17+18+19+20+21+22+23 = 276
0+1+2+3+4+5+6+7+8+9+10+11+12+13+14+15+16+17+18+19+20+21+22+23+24 = 300
```

式がいっぱい出た～！！

LESSON 13

MEMO 逆順のくり返しもできる

for文のカウンタ変数を増やす式を「i--」に変えると、数値を1ずつ減らしていくことができます。1～10ではなく10～1の逆順のくり返しをしたいときに使います。初期値やくり返しの条件式も変わってくるので注意してください。

逆順のくり返しの例

```
for(var i=10; i>=1; i--){
    console.log(i);
}
```

LESSON 14
配列を使ってくり返し処理しよう

配列は複数のデータを格納できる変数です。くり返し処理と組み合わせて、大量データを一気に処理できます。

日曜日〜土曜日という文字を一行ずつ表示するプログラムはどう書く？

うーん、document.writeを7つ書けばいいのかな？

document.write メソッドを7つ書く
```
document.write('<p>日曜日</p>');
document.write('<p>月曜日</p>');
document.write('<p>火曜日</p>');
document.write('<p>水曜日</p>');
document.write('<p>木曜日</p>');
document.write('<p>金曜日</p>');
document.write('<p>土曜日</p>');
```

正解。でもくり返し処理を使ったほうがいいね。

なーるほど……。あれ？ 文字をどうやってくり返すの？

それには配列を組み合わせて使えばいいのよ。

配列を使ってみよう

　配列（はいれつ）は<mark>1つの変数の中に複数のデータを記憶する仕組み</mark>です。記憶するデータは数値でも文字列でもかまいません。全体を[ ]で囲み、データを,（カンマ）で区切って並べていきます。

書式：配列の作成

```
var 変数 = [データ, データ, データ, データ];
```

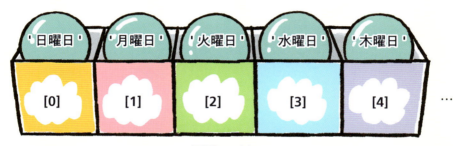

配列 youbi

　配列に記憶したデータを使うときは、変数名のあとに[インデックス番号]を書きます。インデックス番号は0からスタートする点に注意してください。

書式：配列の利用

```
変数[インデックス番号]
```

配列の利用例

```
var youbi = ['日曜日','月曜日','火曜日','水曜日','木曜日','金曜日','土曜日',];
console.log(youbi[0]); …………日曜日と表示される
console.log(youbi[3]); …………水曜日と表示される
```

 配列に記憶すると、0からはじまる番号で利用できるってわけ。

これならくり返し処理できそうだね。

LESSON 14

また、c3test.htmlを書き替えて、Webページに曜日を表示してみましょう。

c3test.html

```html
<!DOCTYPE html>
<html>
  <head>
    <meta charset='utf-8'>
    <title>テストのWebページ</title>
  </head>
  <body>
    <script>
      var youbi = ['日曜日','月曜日','火曜日','水曜日','木曜日',
'金曜日','土曜日'];
      for(var i=0; i<7; i++){
        document.write('<p>' + youbi[i] + '</p>');
      }
    </script>
  </body>
</html>
```

書き替え

プログラムがちょっと短くなったね。

7行が4行になったと思うとささいな変化だけど、配列に入れるデータが10個でも100個でも同じプログラムで書けるというところがポイントね。

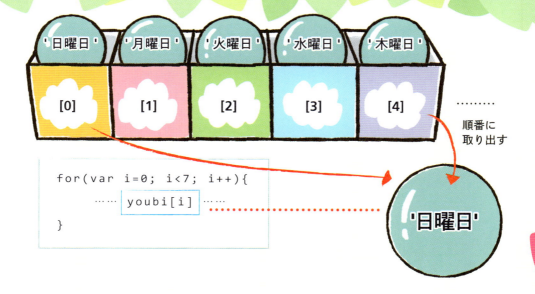

LESSON 14

 日付データと配列を組み合わせてみる

　このサンプルを少しひねって、日付と曜日を並んで表示させてみましょう。JavaScriptには日付と時刻を扱うための**Dateオブジェクト**というものがあります。これを利用して日付データから曜日を求めることができます。

c3test.html

```
……中略……
  </head>
  <body>
    <script>
      var youbi = ['日曜日','月曜日','火曜日','水曜日','木曜日',
'金曜日','土曜日'];
      for(var i=0; i<7; i++){
        var date = new Date(2018, 0, i);  ……………… 日付データを作成
        document.write('<p>' + date.toLocaleString() + 'は' +
youbi[date.getDay()] + '</p>');
      }
    </script>
  </body>
</html>
```

おぉー。ところでこれ合ってるの？

合ってるはずだけど、気になるならカレンダーと見比べてみたら？

これでカレンダー作れそうだね。

作れるよ〜。そのうち挑戦してみるといいよ。

　windowオブジェクトやdocumentオブジェクトと違ってDateオブジェクトは自分で作る必要があります。new Dateの()の中に年、月、日を区切って指定します。

書式：Date オブジェクトの作成

```
var 変数 = new Date(年, 月, 日);
```

CAUTION　月の指定は0が1月になる

new Date で Date オブジェクトを作成するときに注意してほしいのは、月だけ「0」から数え始めるという点です。0 が 1 月、1 が 2 月を指します。

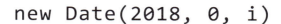

```
new Date(2018, 0, i)
```

新しい Date オブジェクトを作成

LESSON 14

　日付データを表す文字列がほしいときはtoLocaleStringメソッドを呼び出します。日本でなじみのある「年/月/日 時:分:秒」という形式の文字列を返します。

書式：toLocaleString メソッドの利用

Dateオブジェクトを記憶した変数.toLocaleString()

　DateオブジェクトのgetDayメソッドを使うと、そのDateオブジェクトが表す日付が日曜日なら0、月曜日なら1、土曜日なら6という数値が返されます。これを配列と組み合わせれば、曜日を表す文字列に変換できます。

書式：getDay メソッドの利用

Dateオブジェクトを記憶した変数.getDay()

Date オブジェクトは他にもいろいろ便利なメソッドを持っているので、機会があったら調べてみてね。

LESSON 15
関数を自分で作ってみよう

関数は自分で作ることができます。関数を使うと長いプログラムもわかりやすく書くことができます。

 文法の説明もいよいよ最後。関数を自分で作ってみよう。

メソッドは作らないの？

 メソッドの作り方はかなり難しいから、初心者は関数の作り方だけで十分かな。

じゃあ関数だけでいいけど、そもそも関数が作れると何が便利なの？

 それはいい質問ね。1つには「プログラムの再利用性が高まる」こと、もう1つは「プログラムの構造が理解しやすく整理される」ことかな。

ぜんぜんわかんない……。

 まぁ、ひとことでこう便利っていいにくいのよね。そこから説明していきましょうか。

関数を作ると何が便利なの？

　関数の作成とは、いいかえると JavaScriptにオリジナルの命令を追加すること です。例えば「曜日の文字列を教えてくれる」関数とか「時候のあいさつを教えてくれる」関数など、自分がほしい命令を作ることができます。関数を作ることは次のようなメリットがあります。

●プログラムの再利用性が高まる

　「曜日の文字列を教えてくれる」関数を作らなくても、1つ前でとり上げた例のように曜日の文字列を調べて表示することはできます。ただし、曜日の文字列を何回も求めたい場合、関数化していないと何度も同じプログラムを書かなくてはいけません。関数を一度作ってしまえば、呼び出すだけで何度でも再利用できます。

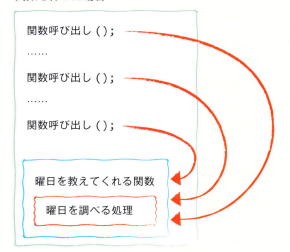

●プログラムの各部に名前が付いて構造が理解しやすくなる

　関数を作るときは、parseIntやgetDayのような関数名を付けます。見方を変えればプログラムの一部に名前が付くことになるので、どの部分が何をしているのかがグッとわかりやすくなります。

関数を作るには

　関数の使い方のところでも説明しましたが、関数に必要なものは、「関数の名前」「引数」「戻り値」の3つです。ですから関数を作るときは、どういう名前でどういう引数を取って、どういう戻り値を返すのかを決めます。

　関数を作るには、function（ファンクション）の後に関数名と引数名を並べます。そのあとの{}の中に関数内で実行する処理を書いていきます。戻り値を返すときはreturn（リターン）文を書きます。

書式：関数の作成

```
function 関数名(引数名, 引数名){
    ……何かの処理……
    return 戻り値;
}
```

　実際にやってみましょう。c3test.htmlを次のように書き替えて、日付から曜日を求めるgetYoubi関数を作成します。そしてこの関数を3回呼び出してみます。

c3test.html

```
<!DOCTYPE html>
<html>
  <head>
    <meta charset='utf-8'>
    <title>テストのWebページ</title>
```

関数を自分で作ってみよう

```
    </head>
    <body>
        <script>
            function getYoubi(year, month, day){
                var youbi = ['日曜日','月曜日','火曜日','水曜日','木曜日',
'金曜日','土曜日'];
                var date = new Date(year, month + 1, day);
                return youbi[date.getDay()];
            }

            document.write('<p>1985年3月10日は' + getYoubi(1985, 3, 10)
+ '</p>');
            document.write('<p>2001年3月10日は' + getYoubi(2001, 3, 10)
+ '</p>');
            document.write('<p>2018年3月10日は' + getYoubi(2018, 3, 10)
+ '</p>');
        </script>
    </body>
</html>
```

書き替え

LESSON 15

さっきのプログラムとそんなに変わってない気がする。

うん。でも日付データを作って曜日を返すって仕事を1つにまとめてるから、そこを何度も書かなくてもよくなってる。

あっ、そういえばプログラムって上から順番に実行されるんだよね。これだとfunctionのところが先に実行されちゃわないのかな。

それは大丈夫。function文は関数を作るだけでその中の処理が実行されるわけじゃないの。この例だと最初に実行されるのは15行目の「document.write()」のところが最初になるの。

```
function getYoubi(year, month, day){
    var youbi = ['日曜日','月曜日',……'土曜日'];
    ……
}
window.document.write(…… getYoubi(1985, 3, 10) ……);
window.document.write(…… getYoubi(2001, 3, 10) ……);
window.document.write(…… getYoubi(2018, 3, 10) ……);
```

スキップ

ここから
スタート

functionのところは飛ばされるのか……。

 ちなみにJavaScriptでは、関数の作成は呼び出しの文のあとに書いてもOK。わかりにくかったら次のように順番を逆にしてもいいよ。

関数の作成をあとに書いた例

```
document.write('<p>1985年3月10日は' + getYoubi(1985, 3, 10) +
'</p>');
document.write('<p>2001年3月10日は' + getYoubi(2001, 3, 10) +
'</p>');
document.write('<p>2018年3月10日は' + getYoubi(2018, 3, 10) +
'</p>');

function getYoubi(year, month, day){
   var youbi = ['日曜日','月曜日','火曜日','水曜日','木曜日','金曜日',
'土曜日'];
   var date = new Date(year, month + 1, day);
   return youbi[date.getDay()];
}
```

こっちのほうが実行する順番がわかりやすい気がする。

 お好みでどうぞ〜。

return文のあとは実行されない

　return文は関数の中に複数書くこともできます。よくあるのがif文を使って引数をチェックし、間違いだったらエラーメッセージを返すといった使い方です。その場合、return文のところで関数の処理は終了し、そこから先は実行されません。

c3test.html（JavaScript 部分）

```
function getYoubi(year, month, day){
  var youbi = ['日曜日','月曜日','火曜日','水曜日','木曜日','金曜日',
'土曜日'];
  if(month<0){ ……………………… monthが0未満（負の値）かチェック
    return 'そんな月はない'; ……monthが負の値のときはエラーメッセージを返す
  }
  var date = new Date(year, month + 1, day); …その場合、ここ以降は実行されない
  return youbi[date.getDay()];
}

document.write('<p>1985年-1月10日は' + getYoubi(1985, -1, 10) +
'</p>');
document.write('<p>1985年3月10日は' + getYoubi(1985, 3, 10) +
'</p>');
……後略……
```

LESSON 15

```
1985年-1月10日はそんな月はない
1985年3月10日は金曜日
2001年3月10日は木曜日
2018年3月10日は木曜日
```

 return文は戻り値を返して関数を脱出する！って覚えてもいいかもね。

 脱出！

戻り値や引数は省略してもいい

ちなみに戻り値が必要ない関数も作れるよ。関数じゃないけど、console.logメソッドは表示して終わりだから戻り値ないよね。

あ、そうか〜。

戻り値がいらない場合は、return文を書かなくていいの。戻り値を返さないで脱出したい場合は、return;だけ書けばOKよ。

return文がなければ、関数のブロックの最後まで実行されるから、それならそれでOKってことだね。

そういうこと。引数も不要だったら省略できるよ。関数を作るときに()の中を空にしておくといいよ。

この章でやること

まずはHTMLとCSSの知識の基本を紹介していくわね。

HTMLに関するいろいろなタグを覚えていこう。

HTMLとCSSだけで音楽を流すことができるよ。

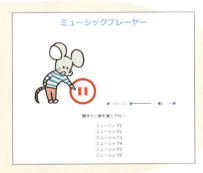

幅やサイズなどWebならではのデザインの仕方を覚えようね。

Introduction

Chapter 4 Webアプリの見た目を作っていこう

LESSON 16

HTMLとCSSって そもそも何?

Webアプリの外観はHTMLとCSSを使って書きます。まずはHTMLとCSSってそもそも何?というところから説明していきましょう。

いよいよWebアプリを作っていくわよ。ちょっと派手そうな題材で、ミュージックプレーヤーを作っちゃおうか。

やったー!

まずはHTMLとCSSでWebアプリの外側を作っていくわよ!

……。

あら? 急に元気なくなったわね。

だってJavaScriptを覚えたいのにHTMLもCSSも覚えないといけないなんて……。

そこはJavaScriptの宿命ね。そもそもHTMLとCSSで作ったWebページを動かすためのものだから。

まあ仕方ないか〜。

HTMLやCSSを書くのだって、実際にやってみたら楽しいよ。勉強だと思わないで、モノを作るんだって思えばいいの!

108

HTMLとCSSってそもそも何？

HTMLはWebページの内容を表す

　WebページでHTMLとCSSのどちらが主役かといえば、HTMLのほうです。HTML（HyperText Markup Language）はWebページの内容を表します。Webページの文章や画像を書き、どこが見出しでどこが強調かといった意味を指定していきます。

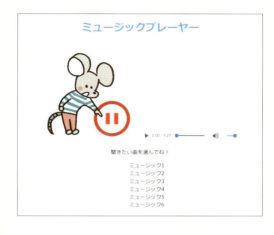

CSSはWebページを飾る

　CSS（Cascading Style Sheets）はWebページを装飾するための言語です。CSSがなくてもWebページは成立しますが、いまどきCSSを使っていないWebページはほとんどありません。特にWebアプリの場合は、CSSでアプリ風に飾らなければ「操作できる」と思ってもらえないでしょう。

LESSON 16

画面見てるだけでもアプリっぽいね。

 そうでしょ。楽しくなってきたでしょ～？　まずはHTMLからやってみよ～。

HTMLのタグって何だろう？

HTMLでは文章の途中にタグという記号を挟んで「意味」を与えていきます。この作業をマークアップといいます。

そもそもHTMLはマークアップ言語といって、JavaScriptとはまったく違うものなの。

マークアップ？

文章のところどころにマークを入れて「意味」を与えていくことよ。参考書にマーカーを引いて印を付けるのに似てるかも。

意味を与える？　先生さっきから何いってるの？

つまり、「ここの文は大見出しだよ」「ここは重要語句だよ」「ここから箇条書きだよ」といった区別ができるように印を入れていくの。

そんなの読めばわかるんじゃないの？

Webブラウザは意味なんてわかってくれないよ。だからそれを伝える印が必要なのよ。

> HTMLのタグって何だろう？

テキストのところどころにタグを埋め込む

　HTMLでは、テキスト文書のところどころに==タグという記号==を埋め込んで、「ここからここまでが見出し」といった意味がわかるようにします。タグに挟まれた部分を含めた全体を「要素」と呼びます。

```
<h1>ミュージックプレーヤー</h1>
```
開始タグ　　　　　　　　　　　　　　　終了タグ

要素

この要素っていうのが結構大事で、CSSで装飾したりJavaScriptで操作したりするのも要素単位なのよ。

じゃあタグで囲んでないところは何もできないんだ。

そういうこと。

LESSON 17

主なタグと意味

タグ	意味
<h1>〜<h6>	見出し（6ランク）
<p>	段落
<ul>	箇条書き（リスト）
<li>	箇条書きの項目
<strong>	重要な文
<a>	リンク
<img>	画像
<div>	特に意味はないがグループ化したいときに使う

いろいろなタグがあるんだね！

111

フォルダーを作ってHTMLファイルを作成しよう

HTMLファイルを作り始めましょう。今回は1つのHTMLファイルでは完結せず、CSSファイルや画像ファイル、音楽ファイルなどを組み合わせて1つのWebアプリにします。関連するファイルがバラバラにならないよう、専用のフォルダーを作ってその中に保存しましょう。

① フォルダーを作成する

エクスプローラーを使ってフォルダーを作成します❶。ここでは「mplayer」というフォルダー名にしています。

② ファイルを保存する

Atomで新規ファイルを作成し❶、名前をつけて保存します。ここでは「mplayer.html」というファイル名にしています。

③ HTMLタグを自動挿入する

「html」と入力して Tab キーを押し、基本のHTMLタグを自動挿入します。

Atomが自動的に入れてくれるタグの意味

　これまでAtomが自動的に挿入してくれていたタグは、HTMLとして最低限必要なものです。1行目の<!DOCTYPE html>はDOCTYPE宣言といい、このファイルがHTMLであることを表します。そのあとにhtmlタグが入り、その間にheadタグとbodyタグが入ります。このbodyタグがWebページの内容を書く部分で、headタグ内にはページタイトルなどの補助的な情報を書きます。

自動挿入されるHTML

```
<!DOCTYPE html>············DOCTYPE宣言（HTMLの先頭に必ず入れないといけないもの）
<html>····················htmlタグ（全体を囲むタグで絶対に必要）
    <head>················headタグ（Webページの付属情報を入れる部分）
        <meta charset="utf-8">····metaタグ（文字コードの指定）
        <title></title>···titleタグ（Webページのタイトル）
    </head>
    <body>················bodyタグ（この中にWebページの内容を書く）

    </body>
</html>
```

LESSON 17

 要するにbodyタグの間に書いたものだけがWebページの内容として表示されるのよ。

なるほど、他のはどこにも表示されないなーとは思ってた。

 headタグ内にはCSSファイルの指定とかも書くから必要なのよ。でも基本的にはbodyタグの間だけ考えておけば大丈夫かな。

LESSON
18
見出しや文章を書いてみよう

HTML の中に見出しや文章を書いて、タグの書き方を体験しましょう。

まずはHTMLでの文章の書き方を覚えましょう。

たぶん、ただ文字を入力するだけじゃだめなんだよね。

そのとおり。本文にあたるところはpタグで挟み、見出しにあたるところはh1〜h6タグで挟むの。

見出しとか本文とかあまり考えたことがないなぁ……。

Webアプリとは関係ないけど、見出しや本文を意識するとわかりやすい文章が書きやすくなるよ。

見出しを入力する

見出しを入力するにはh1、h2、h3、h4、h5、h6の6つのタグのいずれかを使います。
h1が一番ランクが高い見出しで、h2、h3の順にランクが下がっていきます。
見出しのランクという考え方はちょっとなじみがない人もいるかもしれません。見出し

のランクは文書の構成を表します。例えばこの本で一番ランクが高い見出しは、書籍タイトルの「JavaScript1年生」になります。その次のランクは章のタイトルです。その次のランクは各レッスンのタイトルです。これをHTMLで表すと次のようになります。

この本の構成をHTMLで表現

```
<h1>JavaScript1年生</h1>
    <h2>第1章 JavaScriptで何ができるの？</h2>
        <h3>Webアプリって何？</h3>
        <h3>プログラム言語って何？</h3>
        <h3>プログラムを書くためにそろえておきたいもの</h3>
    <h2>第2章 手軽にプログラミングを体験してみよう</h2>
        <h3>コンソールを使ってみよう</h3>
        ……
    <h2>第3章 JavaScriptの「文法」を覚えよう</h2>
        ……
    <h2>第4章 Webアプリの見た目を作っていこう</h2>
        ……
    <h2>第5章 ミュージックプレーヤーを完成させよう</h2>
        ……
```

それではmplayer.htmlに見出しを入力してみましょう。bodyタグの間にh1タグを追加し、「ミュージックプレーヤー」というタイトルを入力します。ついでにtitleタグにページタイトルも追加します。

mplayer.html

```
<!DOCTYPE html>
<html>
    <head>
        <meta charset="utf-8">
        <title>ミュージックプレーヤー</title> …………ページタイトルを追加
    </head>
    <body>
        <h1>ミュージックプレーヤー</h1> ……………h1タグで見出しを追加
    </body>
</html>
```

タグを入力するときもAtomのスニペットを使いましょう。h1と入力して[Tab]キーを押すと、<h1></h1>が挿入されるので、その間にタイトルの文字を入力します。

LESSON 18

スニペット便利だね〜。

楽なだけじゃなくて打ち間違いも減るからどんどん使っていこう。

通常の文章を入力しよう

　見出しの下に通常の文章を入力してみましょう。通常の文章というのは、見出しでも箇条書きでもない特別な役割のない文のことです。pタグを使用します。pタグのpは、英語で「段落」を意味するParagraphの頭文字に由来しています。

mplayer.html
```html
<!DOCTYPE html>
<html>
  <head>
    <meta charset="utf-8">
    <title>ミュージックプレーヤー</title>
  </head>
  <body>
    <h1>ミュージックプレーヤー</h1>
    <p>聞きたい曲を選んでね！</p> …………pタグで文章を追加
  </body>
</html>
```

どのタグ使ったらいいか迷ったらpでいいのかな？

それでOKだよ。タグで囲まれていない文字はCSSやJavaScriptで操作できないから、何か付けておくことをおすすめするよ。

mplayer.htmlをWebブラウザにドラッグ＆ドロップして表示してみましょう。

h1タグで囲んだ見出しのほうが大きくなってるね。文字を大きくしたいときはh1〜h6使えばいいのか。

おっと！　それは間違い！

え、違うの？

CSSを使ってない状態だと大きな文字で表示されるというだけで、h1〜h6というタグの目的は「ここは見出しだよ」という意味を伝えることなの。文字の大きさはCSSでいくらでも変えられるからね。

h1〜h6を使ってはいけない例

```
<h1>ミュージックプレーヤー</h1>
<p>聞きたい曲を選んでね！</p>
<h1>※音がなるので音量に注意！</h1>    ……… 注意書きは見出しではないのでダメ
```

じゃあ、どうしたらいいの〜？

注意書きだったら、「重要な文」を意味するstrongタグで囲むか、あとで説明するクラスを使って「注意書き」という役割を追加しておいて、CSSで文字サイズを大きくすればいいね。

LESSON 18

Chapter 4 Webアプリの見た目を作っていこう

LESSON 19
画像を入れてみよう

Webページにイラスト画像を挿入してみましょう。このイラストは再生中と停止中で切り替えるようにします。

次はイラストを入れてみよう。

おっ、楽しそう！

まぁ、imgタグを使って画像のファイル名を指定するだけなんだけどね。

簡単で楽しそうで最高！

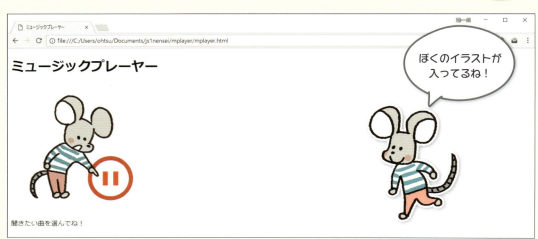

画像ファイルを用意する

まずは画像ファイルを用意します。本書のサンプルファイルとして用意している2つの画像ファイルを、[mplayer] フォルダーにコピーしてください。

imgタグを入力する

画像を挿入するにはimgタグを使用します。これまで紹介したタグと違ってimgタグは開始タグのみで、終了タグは書きません。また、開始タグの中に表示するファイル名などの情報を書きます。この<mark>タグの中に書く情報を「属性」といいます</mark>。src属性に画像ファイル名を指定し、alt属性に何らかのトラブルで画像が表示できないときに代わりに表示する文字を指定します。

書式：imgタグ

`<img src="画像ファイル名" alt="代替文字">`

=（イコール）ってことは変数に文字列を記憶してるってことかな。

おっと、JavaScriptのことは忘れて。HTMLの場合はsrc属性に値を設定するって意味。JavaScriptの変数と違って自分で作ることはあまりなくて、基本的に用意されたものに値を設定するだけなの。

alt属性には何を書けばいいの？

alt属性の文字は画像の代わりに表示されるものだから、その画像が何を表しているかを書けばいいの。「海に夕日が沈む写真」とか「あわてているマウス君のイラスト」とか。

LESSON 19

mplayer.htmlにimgタグを追加しましょう。

mplayer.html

```html
<!DOCTYPE html>
<html>
  <head>
    <meta charset="utf-8">
    <title>ミュージックプレーヤー</title>
  </head>
  <body>
    <h1>ミュージックプレーヤー</h1>
    <img src="pict_stop.png" alt="再生状態を表す画像">    ……imgタグを追加
    <p>聞きたい曲を選んでね！</p>
  </body>
</html>
```

これが img タグだね。

imgタグもスニペットで挿入できます。src属性とalt属性も自動的に追加されます。

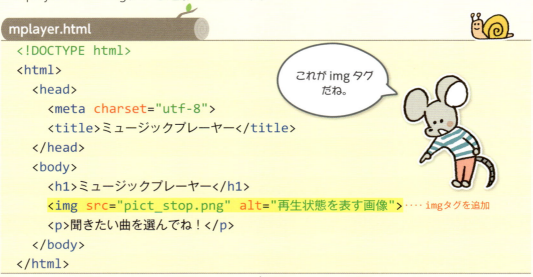

　ファイル名をちょっとでも間違えると表示できないので、入力しにくそうならエクスプローラーで開いてファイル名をコピーして、Atomに貼り付けてください。

間違いがなければ、Webブラウザを再読み込みすると見出しの下に画像が表示されます。

LESSON 19

ファイル名さえ間違えなければ簡単でしょ。

画像ファイルは2枚あるけどもう1枚は使わないの？

あれはJavaScriptで使う予定なの。再生中と一時停止中で絵が切り替わるようにするよ。

楽しみ！

Chapter 4 Webアプリの見た目を作っていこう

LESSON 20

ミュージックプレーヤーを追加しよう

音楽を再生するには audio タグを利用します。再生をコントロールするためのボタンも自動的に表示されます。

次は音楽を再生するプレーヤーを追加しようね。

え、JavaScript使わなくてもできちゃうの？

できちゃうんだな〜。音楽の再生はaudioタグ、動画の再生はvideoタグを使うだけでいいよ。

HTMLすごい！　見直したよ。

タグだけでかんたんなミュージックプレーヤーになるよ。

122

音楽ファイルを探そう

　audioタグで再生するための音楽ファイルが必要です。「フリーBGM素材」というキーワードで探せば、音楽ファイルを配布しているサイトを見つけることができます。mp3形式の音楽ファイルを6つほど探してダウンロードしておいてください。

　ここではbgm1.mp3〜bgm6.mp3というファイル名にした前提で説明していきます。

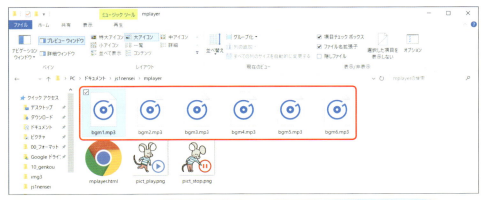

 フリー素材といってもたいてい制限事項が決まってるから、「利用規約」とか「ライセンス」といったページをチェックしようね。

 え、自分が作った素材のふりして配ったりしなければ大丈夫だよね？

 そのへんもサイトによっていろいろだから、ちゃんと確認しておこう。

audioタグを入力しよう

audioタグの使い方はimgタグに似ていて、src属性に音楽ファイル名を指定します。ただし、audioタグには終了タグがあります。開始タグと終了タグの間には、audioタグに未対応のWebブラウザ向けのメッセージなどを書きますが、省略してもかまいません。また、controls属性を追加することで、一時停止や音量調整用のコントロールを表示できます。

書式：audio タグ

```
<audio src="音楽ファイル名" controls>
  このWebブラウザはaudioタグに未対応です。
</audio>
```

mplayer.htmlにaudioタグを追加して上書き保存しましょう。ファイル名を間違えないよう注意してください。

mplayer.html

```
<!DOCTYPE html>
<html>
  <head>
    <meta charset="utf-8">
    <title>ミュージックプレーヤー</title>
  </head>
  <body>
    <h1>ミュージックプレーヤー</h1>
    <img src="pict_stop.png" alt="再生状態を表す画像">
    <audio src="bgm1.mp3" controls></audio>  ……………audioタグを追加
    <p>聞きたい曲を選んでね！</p>
  </body>
</html>
```

そろそろHTMLにも慣れてきたよ！

再読み込みするとWebページにaudioタグの再生コントロールが表示されます。

ミュージックプレーヤーを追加しよう

HTMLだけでここまでできるんだからすごいよね。

再生ボタンを押したら音楽がなったよ！

もう、ここで完成にしてもいいよ！

いやいや……。ちなみに再生コントロールはWebブラウザによって違うから注意してね。例えばEdgeだと……

LESSON 20

ブラウザごとの違いって微妙なとこに出てくるのよね〜。

こういうところも統一したかったら、自分でボタンを配置してJavaScriptで制御することになるよ。

箇条書きを書こう

HTMLの箇条書きは文字の項目を列挙するだけでなく、さまざまなものを並べたいときに使います。

次は箇条書きを使ってプレイリストを作るよ。

あれ？ 一気に地味になったような……。

いやいや、箇条書きは奥が深いよ～。Webでは並べて表示するものは何でも箇条書きで作るんだよ。

え、じゃあ写真とかボタンとかを並べるときも箇条書きを使うの？

そのとおり！ CSSで見た目が格好よくなるように変更するけどね。

へえ～。オドロキ！

箇条書きで曲のリストを作るよ。

ulタグとliタグを入力しよう

箇条書きはulタグの中にliタグを並べて書きます。ulはunordered list（順番なしリスト）、liはlist item（リスト項目）の略で、ulタグの代わりにol（ordered list）タグを使うと番号付きリストに変えることができます。

書式：ul タグと li タグ

```html
<ul>
    <li>リストアイテム1</li>
    <li>リストアイテム2</li>
    <li>リストアイテム3</li>
</ul>
```

次のようにulタグとliタグを入力してください。スニペットをうまく使いましょう。

mplayer.html

```html
<!DOCTYPE html>
<html>
    <head>
        <meta charset="utf-8">
        <title>ミュージックプレーヤー</title>
    </head>
    <body>
        <h1>ミュージックプレーヤー</h1>
        <img src="pict_stop.png" alt="再生状態を表す画像">
        <audio src="bgm1.mp3" controls></audio>
        <p>聞きたい曲を選んでね！</p>
        <ul>  ……………………………………ulタグを追加
            <li>ミュージック1</li>
            <li>ミュージック2</li>
            <li>ミュージック3</li>  ……………liタグを追加
            <li>ミュージック4</li>
            <li>ミュージック5</li>
            <li>ミュージック6</li>
        </ul>
    </body>
</html>
```

LESSON 21

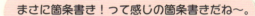

もう少しあとでCSSでプレイリストっぽい見た目にするけどね。その前にやっておきたいことがあるの。

いずれはJavaScriptを使って箇条書きをクリックしたときに曲が切り替わるようにしたいの。そのために、このリストに音楽のファイル名も記録しておきたいわけ。

liタグにファイル名を記録するための属性を追加するよ。

独自属性を追加する

HTMLでは、「data-○○○」という名前にすれば独自の属性を追加することができます。今回はliタグに「data-file」という属性を追加し、ファイル名を指定しておきましょう。

mplayer.html

```
<!DOCTYPE html>
<html>
  <head>
    <meta charset="utf-8">
    <title>ミュージックプレーヤー</title>
  </head>
  <body>
    <h1>ミュージックプレーヤー</h1>
    <img src="pict_stop.png" alt="再生状態を表す画像">
    <audio src="bgm1.mp3" controls></audio>
    <p>聞きたい曲を選んでね！</p>
    <ul>
      <li data-file="bgm1.mp3">ミュージック1</li>
      <li data-file="bgm2.mp3">ミュージック2</li>
      <li data-file="bgm3.mp3">ミュージック3</li>  …… 独自属性を追加
      <li data-file="bgm4.mp3">ミュージック4</li>
      <li data-file="bgm5.mp3">ミュージック5</li>
      <li data-file="bgm6.mp3">ミュージック6</li>
    </ul>
  </body>
</html>
```

LESSON 21

こういう似たようなものが並ぶときは、コピペを使うといいね。

追加してもWebブラウザでの表示は変わらないんだね。

標準の属性と違って、Webブラウザにしたら何の意味もないからね。JavaScriptで利用できるデータをこっそり入れておくのが目的よ。

CSSの仕組みを知ろう

LESSON 22

Chapter 4　Webアプリの見た目を作っていこう

CSS は JavaScript とも HTML とも違う言語です。まずはその基本ルールを覚えましょう。

次はCSSやってみようか。

あらら、ようやくHTMLが楽しくなってきたのに……。

CSSも見た目がガラッと変わって面白いよ。

そうなんだ。じゃあいっちょやってみますか。

CSSの基本構造

　CSSは「HTMLのどの要素に対して」「どういう書式を設定するか」を並べて書いていきます。基本的なルールはJavaScriptやHTMLよりもシンプルです。

書式：CSS の基本

```
セレクタ {　……………………… どの要素を装飾するか指定
    CSSプロパティ： 値;　……… 書式設定
    CSSプロパティ： 値;
}
```

130

CSSの仕組みを知ろう

「セレクタ」がどの要素を指定するかを決めます。例えばh1要素の色を変えたい場合は、次のように書きます。colorは文字色のCSSプロパティなので、それに値としてredを指定すると、h1要素の文字色が赤になります。

CSSの例

```
h1 {
  color: red;
}
```

ふ〜ん、そんなに難しそうじゃないかも。

まぁ基本はシンプルなのよ。ただ、ここで注意したいのは、h1要素がいくつかあったら全部のh1要素に設定されるってこと。その中から1つだけ選びたかったら工夫が必要になるの。

LESSON 22

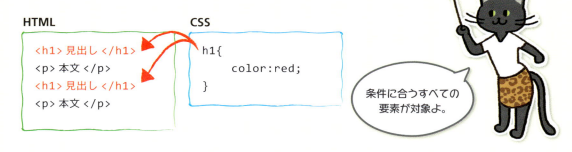
条件に合うすべての要素が対象よ。

へ〜。ところでさっきまでh1タグっていってなかった？

あ、よく気づいたね。HTMLはタグを書く話が中心だからh1タグっていったほうがわかりやすいかなと思って。でもCSSの場合は、「開始タグから終了タグ」までの全体が対象になるから、h1要素っていったほうがイメージしやすいんだよね。

いわれてみればそうかな？

JavaScriptも要素単位だから、ここから先はなるべく要素って言葉を使うね。

CSSファイルを作る

Atomで新規ファイルを作成し、HTMLファイルと同じ［mplayer］フォルダーに「mplayer.css」という名前で保存してください。

先頭にcharsetというものを書きます。これはCSSファイル内で日本語を書くために必要なもので、スニペットを使えば自動的に挿入できます。

CAUTION 文字コードが食い違っていると文字化けが起きる

文字コードというのは文字を表す数値のことで、shift-jis や euc-jp、utf-8 など数種類あります。これが間違っていると文字化けが発生してしまいます。今、Web で標準的に使われているのは utf-8 なので、Atom のスニペットも標準で utf-8 を挿入します。

次にHTMLファイルに読み込みます。headタグの間にlinkタグを挿入します。これもスニペットを使いましょう。

linkタグのhref属性にCSSのファイル名を指定します。linkタグは外部の関連ファイルを指定するためのものですが、主にCSSを読み込むために使われます。

mplayer.html

```html
<!DOCTYPE html>
<html>
  <head>
    <meta charset="utf-8">
    <title>ミュージックプレーヤー</title>
    <link rel="stylesheet" href="mplayer.css">  ………linkタグを追加
  </head>
  <body>
    <h1>ミュージックプレーヤー</h1>
    <img src="pict_stop.png" alt="再生状態を表す画像">
    <audio src="bgm1.mp3" controls></audio>
    <p>聞きたい曲を選んでね！</p>
    <ul>
      <li data-file="bgm1.mp3">ミュージック1</li>
      <li data-file="bgm2.mp3">ミュージック2</li>
      ……後略……
```

これでCSSを書く準備は完了。

よ～し、やってみよ！

Chapter 4 Webアプリの見た目を作っていこう

LESSON 23
文字の書式を変えてみよう

まずはタイトル文字の色を変えて、全体を中央ぞろえにしてみましょう。

もっとアプリっぽい画面にしたいな。

そうね。でもとりあえず簡単なところで、まずは文字の色から変えてみましょう。

mplayer.css
```css
@charset "UTF-8";

h1{
    color: #4ea8f9;
}
```

うひゃぁ！ colorはいいんだけど、そのあとの暗号みたいなのは何？

それは色の16進指定といって、最初の2桁が赤、次の2桁が緑、最後の2桁が青の光の強さを表してるの。

これはわかんない！ もうCSSムリ！

あきらめ早いな〜。じゃあ、Atomのcolor-pickerパッケージを使ってみようか。

134

color-pickerパッケージで色を指定する

　CSSの色指定が難しいと感じたら、Atomのcolor-pickerパッケージがおすすめです。カラーピッカーを使って色をマウスで指定できます。

① color-pickerをインストールします

　❶［ファイル］メニュー→［環境設定］を選択して［設定］タブを表示し、左の一覧から［インストール］を選択して、❷「color picker」で検索し、見つかったら❸［install］をクリックしてください。

② 色を指定する

　インストールが終了したら、mplayer.cssに戻って「color:」までを入力します。そして❶Ctrl＋Alt＋Cキーを押します（Macではcommand＋shift＋Cキー）。カラーピッカーが表示されたら❷［HEX］を選択し、❸スライダーなどをドラッグして色を決め、❹Enterキーを押します。

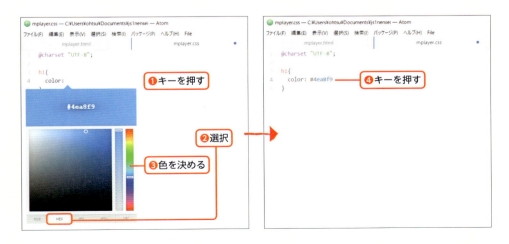

LESSON 23

最後に;(セミコロン)入れるのを忘れないでね。

これならカンタンだね！

入力が終わったらリロードして確認してみましょう。

タイトルの文字の色が変わった！

文字を中央ぞろえにする

　text-alignというCSSプロパティを使うと、文字のそろえ方を変更できます。このプロパティはセレクタで指定した要素の中にあるものに対して働くので、h1要素に対して使ったときはその中の文字だけが中央ぞろえになり、body要素に対して使うとbody要素の中のすべての文字が中央ぞろえになります。

mplayer.css

```css
@charset "UTF-8";

h1{
    color: #4ea8f9;
}

body{
    text-align: center;    ……………中央ぞろえを指定
}
```

文字の書式を変えてみよう

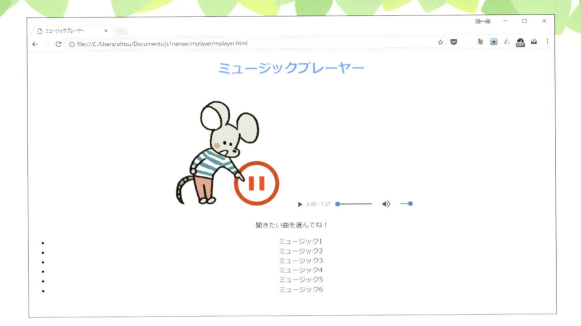

あ、画像も中央ぞろえになるんだ。

そうHTMLの画像は文字と同じ扱いなのよね。

でも、箇条書きの記号が左側に残ってるね。

初期設定では要素の幅はウィンドウの幅めいっぱいになるの。箇条書きの記号は要素の左端に付くから、こういう表示になるのよ。

でも、ヘンだよね〜。

あとで幅を設定すればちゃんできるから、もうちょっと待ってね。

LESSON 23

LESSON 24
要素に幅や背景色を設定しよう

Chapter 4 Webアプリの見た目を作っていこう

要素には幅や背景色、枠の色などを設定できます。これらを設定すると一気にアプリらしくなります。

次は要素に幅とか背景色とかを設定していくよ。

要素に幅とか設定できるんだ。何かイメージわかないなー。

そういうときは、Chromeのデベロッパーツールで構造をチェックしてみよう。

デベロッパーツールでHTMLの構造を見る

① デベロッパーツールを表示する

❶右上の［…］をクリックします。メニューが表示されるので［その他のツール］→❷［デベロッパーツール］を選択します。

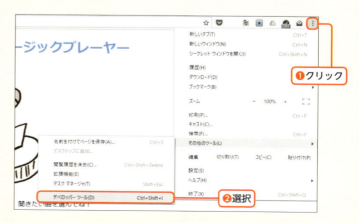

② [Elements] タブを表示する

❶ [Elements] タブをクリックします。Elementとは要素のことで、HTMLが表示されています。下側にコンソールが表示されている場合は、Escキーを押して閉じることができます。

③ 要素のサイズを確認する

❶h1要素にマウスポインタを合わせてみましょう。❷上のWebページに要素のサイズを表す色が表示されます。

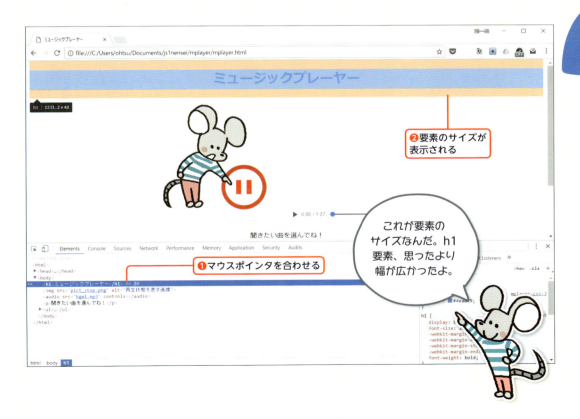

初期設定では幅は要素のウィンドウいっぱいになるのよ。これを変更してレイアウトを整えていくの。

青とオレンジで塗り分けられているのは何？

青い部分は「コンテンツ」、つまり文字などの内容が表示される領域。オレンジの部分は「マージン」といって要素の外側の余白を表しているの。

へえ〜。

ul、li要素も見てみると面白いわよ。

ul要素は上下にマージンがあるね。左の緑のところは何？

それはパディングといって、要素の内側の余白なの。つまりul要素は要素の内側に空きを作って、そこに行頭記号を表示しているわけ。

要素に幅や背景色を設定しよう

 li要素はコンテンツしかないね。マージンとパディングが0ってことかな？

そのとおり。要素は、マージン、ボーダー、パディング、コンテンツの4つで構成されているの。ボーダーというのは枠線のことね。

LESSON 24

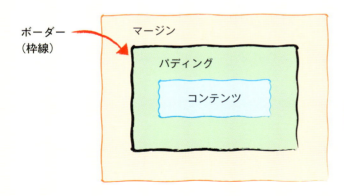

これが理解できるとCSSのレイアウトも自由自在だよ。

141

Chapter 4

Webアプリの見た目を作っていこう

アプリの外枠を設定する

アプリの外側の枠から作っていきましょう。body要素は特別な要素なので、背景色は設定できますが、幅などを設定できません。そこでdiv要素を追加し、class属性にappframeと指定します。

mplayer.html

```html
<!DOCTYPE html>
<html>
  <head>
    <meta charset="utf-8">
    <title>ミュージックプレーヤー</title>
    <link rel="stylesheet" href="mplayer.css">
  </head>
  <body>
    <div class="appframe"> ·························· divタグを追加
    <h1>ミュージックプレーヤー</h1>
    <img src="pict_stop.png" alt="再生状態を表す画像">
    <audio src="bgm1.mp3" controls></audio>
    <p>聞きたい曲を選んでね!</p>
    <ul>
        <li data-file="bgm1.mp3">ミュージック1</li>
        <li data-file="bgm2.mp3">ミュージック2</li>
        <li data-file="bgm3.mp3">ミュージック3</li>
        <li data-file="bgm4.mp3">ミュージック4</li>
        <li data-file="bgm5.mp3">ミュージック5</li>
        <li data-file="bgm6.mp3">ミュージック6</li>
    </ul>
    </div> ······································ 閉じタグを追加
  </body>
</html>
```

div要素って新登場だよね。この要素の意味は何?

div要素は意味を持たない要素。特に意味はないけどデザインの都合で要素が必要というときに使うのよ。ただ、凝ったレイアウトのWebページだとdiv要素を大量に使うので、区別するためにclass属性をつけてクラス名という目印をつけておくの。それがappframeね。

142

要素に幅や背景色を設定しよう

　mplayer.cssに切り替えて書式を追加していきましょう。body要素に暗めの背景色を設定します。次にclass属性がappframeの要素に書式を設定したいので、「.appframe」というセレクタを書きます。先頭の「.」がクラスを対象としたセレクタという意味です。

mplayer.css

```
@charset "UTF-8";

h1{
    color: #4ea8f9;
}

body{
    text-align: center;
    background: #000022;  ……………背景色を設定
}

.appframe{
    background: #ffffff;  ……………背景色を設定
    width: 420px;         ………………幅を設定
    margin: auto;         ………………マージンを設定
    padding: 10px;        ………………パディングを設定
    border-radius: 10px;  …………角丸にする
}
```

LESSON 24

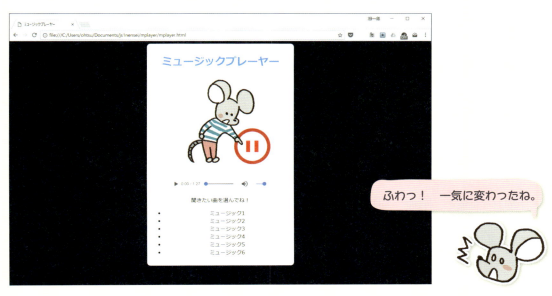

ふわっ！　一気に変わったね。

143

最近のアプリは白ベースがトレンドだから、body要素の背景を暗めにして、.appframeの方は白にしたの。背景色はbackgroundで設定できるわ。

widthは幅だよね。420pxって幅にしたんだね。

そう。次のmarginは外側のマージン幅の指定で、autoを指定すると上下はなし、左右は均等になるので、結果として.appframeが中央ぞろえになる。

じゃあpaddingはパディングの設定だ。これが10px。

あとはborder-radiusというプロパティで角丸にしたの。角を半径10pxの丸にしてやわらかさを出してみたわ。

MEMO 上下左右の余白はそれぞれ設定できる

marginやpaddingに1つの値を設定した場合、上下左右の余白はすべて同じ設定になります。上下左右の余白にそれぞれ異なる値を設定したいという場合は、margin-topなどのプロパティを使います。

上下左右を設定するプロパティ

```
margin-top: 10px;
margin-bottom: 0;
margin-left: 20px;
margin-right: 0;

padding-top: 10px;
padding-bottom: 0;
padding-left: 20px;
padding-right: 0;
```

要素に幅や背景色を設定しよう

インデントを整えてHTMLを見やすくしよう

　Atomが自動的に設定してくれるのでこれまで特に触れてきませんでしたが、HTML、JavaScript、CSSではプログラムを見やすくするために行頭にスペースを入れて字下げします。これをインデントと呼びます。HTMLの場合は要素の中に入っている要素がわかりやすくなるようインデントする決まりですが、divタグをあとから追加した部分はそうなっていません。内側の部分をドラッグして範囲選択し、Tabキーを押してまとめて字下げしましょう。

LESSON 24

実はHTMLやCSS、JavaScriptにとってインデントは何の意味もないの。あってもなくても結果は変わらないわ。

え、じゃあ何のために入れてるの？

見やすくするためよ。この要素はこの要素の中に入っているとか、ここからif文のブロックの中身だとかが、インデントの幅で区別できるでしょ。

確かにそうだねー。

LESSON 25
箇条書きをメニューリストに変えよう

HTMLの箇条書きはCSSで少し手を加えるだけで、操作できるメニューリストにすることができます。

あとはプレイリストのところだね。

そうだね。最近のアプリはシンプルなデザインが多いから、先頭の記号を取ってちょっと罫線付けるだけでそれらしくなると思うよ。

えー、それだけ？

じゃあ、再生中の項目だけ色が変わったり、マウスポインタを合わせたら色が変わったりするようにしてみようか。

へー、CSSでそんなことできるんだ。

箇条書きをメニューリストに変えよう

行頭記号を消す

　箇条書きの行頭記号はlist-styleプロパティでnoneを指定すると消すことができます。行頭記号を入れるために左側が字下げされていますが、これはパディングなのでpadding: 0;と指定してなくすことができます。

mplayer.css

```css
……前略……
.appframe{
    background: #ffffff;
    width: 420px;
    margin: auto;
    padding: 10px;
    border-radius: 10px;
}

ul{
    list-style: none;      ……行頭の記号を消す
    padding: 0;            ……パディングを0にする
}
```

LESSON 25

あ、記号が消えた。list-styleはul要素に指定するんだね。

list-styleやcolor、font-sizeなどの文字に対するプロパティは、上位の要素から引き継がれるの。だからul要素に指定しても、li要素に記号を消すという指定が引き継がれるわけ。body要素に指定しても、その下のすべての要素に引き継がれるけど、普通はしないよ。

body要素に指定すると、記号を消したくないところまで消えちゃうからだね。

```
                        body 要素
         指定    ┌─────────────────────┐
list-style:none; ──→│ ul 要素  引き継がれる │
                 │  ┌─────────────┐   │
                 │  │ li 要素 ←    │   │
                 │  └─────────────┘   │
                 └─────────────────────┘
```

引き継がれるのは文字の書式中心で幅とかは引き継がれないよ。

メニューリストの項目に罫線を引く

li要素に罫線を付けて区切りをわかりやすくしましょう。borderプロパティを使うと、要素の周囲に罫線を引くことができます。1つの辺だけ設定したい場合は、border-top、border-bottom、border-left、border-rightのいずれかを使用します。

書式：border プロパティ

```
border: 線種 太さ 色;
```

li要素に対して罫線を設定してみましょう。今回はborder-topプロパティを使います。罫線と文字の間が少し狭いので、パディングも設定しておきます。

箇条書きをメニューリストに変えよう

mplayer.css

```
……前略……
ul{
  list-style: none;
  padding: 0;
}
li{
  border-top: solid 1px #b1daff;    ……罫線を設定
  padding: 2px;    ……………………………………パディングを設定
}
```

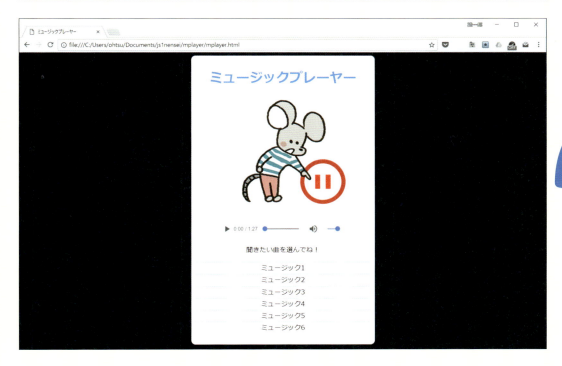

　線を引いただけでメニューっぽくなったね。solidって何？

　それは線種の設定で、solidなら実線、dashedなら破線、dottedなら点線になるの。1pxで線の太さを設定してるわ。

LESSON 25

選択中の項目だけ色を変える

現在選択中の項目だけ色を変えるには、そのli要素に他と区別する印を入れなければいけません。class属性を使ってactiveというクラス名を指定します。

mplayer.html

```html
……前略……
  <body>
    <div class="appframe">
      <h1>ミュージックプレーヤー</h1>
      <img src="pict_stop.png" alt="再生状態を表す画像">
      <audio src="bgm1.mp3" controls></audio>
      <p>聞きたい曲を選んでね！</p>
      <ul>
        <li data-file="bgm1.mp3" class="active">ミュージック1</li>
        <li data-file="bgm2.mp3">ミュージック2</li>
        <li data-file="bgm3.mp3">ミュージック3</li>
        <li data-file="bgm4.mp3">ミュージック4</li>
        <li data-file="bgm5.mp3">ミュージック5</li>
        <li data-file="bgm6.mp3">ミュージック6</li>
      </ul>
……後略……
```

`class="active"` → クラス名を指定

mplayer.css

```css
……前略……
li{
  border-top: solid 1px #b1daff;
  padding: 2px;
}
.active{
  background: #efefff;    ……選択中の項目の背景色を設定
  color: #ff6800;         ……選択中の項目の文字色を指定
}
```

箇条書きをメニューリストに変えよう

色が変わった。classって前にdiv要素のとこで出てきたよね。

そうだね。実はclass属性はどんな要素にも付けられるの。

マウスポインタを合わせたときだけ背景色を変える

LESSON 25

hover擬似クラスを使うと、要素にマウスポインタを合わせたときだけ適用されるスタイルを設定できます。

mplayer.css

```css
……前略……
li{
  border-top: solid 1px #b1daff;
  padding: 2px;
  cursor: pointer;           ……………マウスポインタを指型に変更
}
.active{
  background: #efefff;
  color: #ff6800;
}
li:hover{
  background: #efefff;       ………マウスポインタを合わせたときに背景色を変更
}
```

 マウスの動きに合わせて変わるから面白いね。アプリっぽい！

「擬似クラス」というのは特定の条件のときだけ自動的に設定されるクラスという意味。「li:hover」ならli要素にマウスポインタを合わせたときだけ、hoverというクラスが付いたことになるの。

でも、クリックしても選択中の項目は切り替わらないね。

 それはJavaScriptでやることになるね。さあ、いよいよ完成に向けてプログラムを書いていくよ。

第5章
ミュージックプレーヤーを完成させよう

この章でやること

さあ、いよいよミュージックプレーヤーを完成させていくわよ。

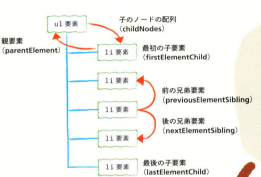

JavaScript だけでなく、HTML や CSS の知識も身に付くね。

画像を入れ替えたり、ランダム再生をしたり、コードも長くなってくるよ。

最後まで作り終えたら、インターネットで調べていろいろな機能を追加していこう。

Introduction

Chapter 5
ミュージックプレーヤーを完成させよう

LESSON 26

JSファイルを作ってHTMLに読み込む

JavaScriptのプログラムは、CSSと同じように外部ファイルに書くことができます。

ここからJavaScriptのプログラムを書いていくわけだけど、今回はHTMLの中ではなくJSファイルに書いて、それを取り込むようにしましょう。

CSSと同じようにするってことだね。でも何でHTMLの中に書かないの？

どちらも短いうちは一緒でもいいんだけど、長くなってくるとHTMLとJavaScriptがごっちゃになってわかりにくくなっちゃうのよね。

 ## JSファイルを作る

Atomで新規ファイルを作成し、HTMLファイルと同じ［mplayer］フォルダーに「mplayer.js」という名前で保存してください。

JSファイルを作ってHTMLに読み込む

scriptタグで読み込む

bodyの終了タグの直前にscriptタグを追加し、src属性にJSファイルのファイル名を指定します。Atomのスニペットで入力するときは「script」ではなく「scriptsrc」のほうを選択します。

mplayer.html

```html
<!DOCTYPE html>
<html>
  <head>
    <meta charset="utf-8">
    <title>ミュージックプレーヤー</title>
    <link rel="stylesheet" href="mplayer.css">
  </head>
  <body>
    <div class="appframe">
      <h1>ミュージックプレーヤー</h1>
      <img src="pict_stop.png" alt="再生状態を表す画像">
      <audio src="bgm1.mp3" controls></audio>
      <p>聞きたい曲を選んでね！</p>
      <ul>
        <li data-file="bgm1.mp3" class="active">ミュージック1</li>
        <li data-file="bgm2.mp3">ミュージック2</li>
        <li data-file="bgm3.mp3">ミュージック3</li>
        <li data-file="bgm4.mp3">ミュージック4</li>
        <li data-file="bgm5.mp3">ミュージック5</li>
        <li data-file="bgm6.mp3">ミュージック6</li>
      </ul>
      <script src="mplayer.js" charset="utf-8"></script>
    </div>
  </body>
</html>
```

scriptタグを追加

LESSON 26

157

LESSON 27

プレイリストをクリックして曲を切り替える

プレイリストをクリックして曲を切り替えできるようにしましょう。HTMLの要素を取得して、**click**イベントを設定します。

まずはプレイリストをクリックしたら曲が切り替わるようにしましょう。

ミュージックプレーヤーの第一歩だね。どうやってやるの？

こういう感じの流れになるわね。これをli要素の数だけくり返す。

①**HTML**からプレイリストの**li**要素を取得して変数に記憶する。
②**click**イベントを設定して、クリックしたときに処理が実行されるようにする。
③その処理の中で、**li**要素から音楽ファイル名を取得して、**audio**要素の**src**属性にセットする。

はあ、さっぱりわかりません。

まああまりカンタンじゃないからね。ちょっとずつやっていきましょう。

プレイリストをクリックして曲を切り替える

HTMLの要素をJavaScriptで取得する

　JavaScriptでHTMLの要素を操作するためには、要素を取得する必要があります。そのためにdocumentオブジェクトのメソッドを使用します。取得用のメソッドはいくつか用意されているので、用途に応じて使い分けます。

HTMLの要素を取得するメソッド

メソッド名	働き
getElementById	ID名で要素を1つ取得
getElementsByClassName	クラス名で要素をすべて取得
getElementsByName	name属性の名前で要素をすべて取得
getElementsByTagName	特定のタグの要素をすべて取得
querySelector	CSSのセレクタ指定で要素を最初の1つだけ取得
querySelectorAll	CSSのセレクタ指定で要素をすべて取得

うわ、6つもあるの？

うん、正直多すぎよね。get○○って名前のメソッドのほうが高速なんだけど、使い方がわかりやすいからquerySelectorとquerySelectorAllを使いましょう。

LESSON 27

セレクタを指定して1つだけ取得するときはquerySelector、全部取得したいときはquerySelectorAllって使い分ければいいんだね。

そうそう。今回はプレイリストのli要素を全部取得したいから、querySelectorAllを使うよ。

mplayer.js
```javascript
// プレイリストを取得
var listitems = document.querySelectorAll('li');
```

最初の // ってのは何？

これはコメント文といって、プログラムとしては無視されるものなの。でもこうやって文章で何をやるかを書いておけばわかりやすいでしょう？

意味があるのは2行目のところだけなんだね。

そういうこと。querySelectorAllメソッドの引数は'li'と指定してるから、すべてのli要素が取得されてlistitemsって変数に入ったことになるね。

　querySelectoAllメソッドを使用すると、セレクタに一致する要素が配列として取得されます。内容を確認するために、for文を使ってコンソールに表示してみましょう。配列の長さはlengthプロパティで調べられるので、それをくり返しの回数にします。

mplayer.js

```js
// プレイリストを取得
var listitems = document.querySelectorAll('li');
for(var i=0; i<listitems.length; i++){
  console.log(listitems[i]);
}
```

あ、li要素のとこだけHTMLが出てきた。

ちゃんと取得できてる証拠だね。li要素はプレイリスト以外の目的で使うこともあるから、本当はクラス名を設定して区別したほうがいいけど、とりあえず今回はOKということにしよう。

クラス名を設定した場合は、querySelectorAll('.music')みたいに.(ドット)付きのセレクタで取得すればいいわけだね。

MEMO オブジェクトのプロパティ

for 文の中で length プロパティというものを使っています。プロパティはオブジェクトが持っている変数のようなものです。つまり、オブジェクトというのは、いくつものプロパティやメソッドが集まったような構造をしているのです。

オブジェクト

プロパティ	メソッド
プロパティ	メソッド
プロパティ	メソッド

ちなみに querySelectorAll メソッドの戻り値は正確にはただの配列ではなく、配列に似た使い方ができる NodeList オブジェクトというものです。配列オブジェクトも NodeList オブジェクトも length プロパティを持っているのは同じなので、同じように利用できます。

clickイベントを設定する

要素をクリックしたときに何かをさせたい場合は、==addEventListenerメソッド==を使って、第1引数のイベントタイプに「click」を指定し、第2引数のアロー関数にイベント発生時に行う処理を設定します。

書式：addEventListener メソッド

```
要素を記憶した変数.addEventListener('イベントタイプ',
    (e)=>{
        イベント発生時に行う処理
    }
);
```

あれ？　何かカッコが一杯ですごい難しい気がする。

うん。これはメソッドの引数にアロー関数というものを書いているんだけどね。addEventListener メソッドを使うときはこう書くんだって覚えちゃったほうがいいかもしれない。

addEventListener の第1引数（イベントタイプ）

```
listitems[i].addEventListener('click',
    (e)=>{
        console.log('クリックされた');
    }
);
```

アロー関数の引数

アロー関数の中の文

addEventListener の閉じカッコと文末の;

addEventListener の第2引数（アロー関数）

162

プレイリストをクリックして曲を切り替える

li要素をクリックすると、コンソールに「クリックされた」と表示されるようにしてみましょう。

mplayer.js

```
// プレイリストを取得
var listitems = document.querySelectorAll('li');
for(var i=0; i<listitems.length; i++){
  // clickイベントを設定
  listitems[i].addEventListener('click',  ……clickイベントを設定
    (e)=>{ ………………………………………………アロー関数を指定
      console.log('クリックされた');………………コンソールに表示
    }
  );
}
```

li要素のどれかをクリックするんだね。

コンソールに「クリックされた」と出たらclickイベントがちゃんと処理できてる証拠よ。

LESSON 27

クリックされた要素を特定する

クリックされたli要素がどれかを調べるには、e.targetと書きます。このeはアロー関数の引数で、中にイベントの情報をまとめたEventオブジェクトというものが入っています。Eventオブジェクトのtargetプロパティがクリックされた要素です。

mplayer.js

```javascript
// プレイリストを取得
var listitems = document.querySelectorAll('li');
for(var i=0; i<listitems.length; i++){
  // clickイベントを設定
  listitems[i].addEventListener('click',
    (e)=>{
      var li = e.target;      ………クリックされた要素を取得
      console.log(li);        …………コンソールに表示
    }
  );
}
```

クリックした要素がコンソールに表示された！

うん。難しかったと思うけど、これで最初にいった3つの処理のうち、2つまでが終わったよ。あとは再生するだけだよ。

①**HTML**からプレイリストの**li要素**を取得して変数に記憶する。
②**click**イベントを設定して、クリックしたときに処理が実行されるようにする。
③その処理の中で、**li要素**から音楽ファイル名を取得して、**audio要素**の**src属性**にセットする。

再生する音楽ファイルを変更する

プレイリストをクリックして音楽を切り替えるには、li要素のdata-file属性（P.129参照）に書いた音楽ファイル名を、audio要素のsrc属性にセットします。

```
<li data-file="bgm2.mp3">ミュージック 2</li>
```

音楽ファイル名をセット

```
<audio src="bgm2.mp3" controls></audio>
```

audio 要素に音楽ファイル名をセット！

要素の属性値を取得・設定するには、ElementオブジェクトのgetAttributeメソッドとsetAttributeメソッドを利用します。

書式：getAttribute メソッド
```
変数 = 要素を記憶した変数.getAttribute('属性名');
```

書式：setAttribute メソッド
```
要素を記憶した変数.setAttribute('属性名', 値);
```

実際にやってみましょう。li要素のdata-file属性からファイル名を取得したら、audio要素をquerySelectorメソッドで取得します。src属性にファイル名をセットし、playメソッドで再生を開始します。

mplayer.js

```javascript
// プレイリストを取得
var listitems = document.querySelectorAll('li');
for(var i=0; i<listitems.length; i++){
  // clickイベントを設定
  listitems[i].addEventListener('click',
    (e)=>{
      var li = e.target;
      var file = li.getAttribute('data-file');      // ファイル名を取得
      var audio = document.querySelector('audio');  // audio要素を選択
      audio.setAttribute('src', file);              // src属性をセット
      audio.play();                                 // 再生開始
    }
  );
}
```

ゲットしてセットよ！

今度はquerySelectorメソッドだね。audio要素は1つしかないから。

そのとおり。ちなみにquerySelectorメソッドの場合、戻り値は配列じゃなくて要素のオブジェクトだから、[]を使わなくてもいいよ。

ちょっとだけカンタンだね。

プレイリストをクリックして曲を切り替える

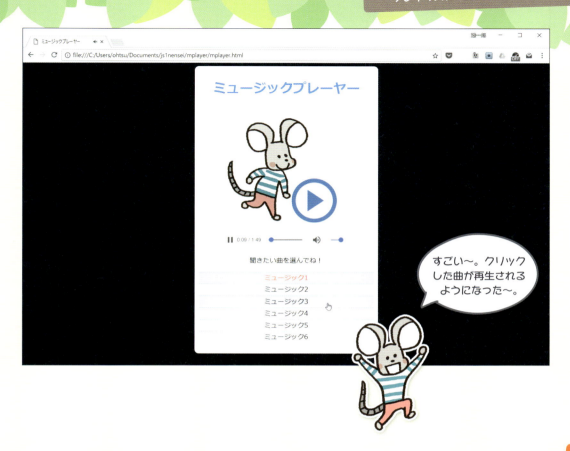

すごい〜。クリックした曲が再生されるようになった〜。

できたね〜。これでミュージックプレーヤーとして最低限の機能は与えられたね。

LESSON
27

クラス名を変更して再生中の曲をわかりやすくする

クリックした曲を切り替えても、プレイリストでは最初の曲が選択されたままなんだよね。

activeってクラス名がついた要素は変わってないからね。

ということは、class属性を変えればひょっとして？

お、気が付いたみたいだね。

　class属性を変更するためにsetAttributeメソッドを使ってもいいのですが、より簡単に取得・設定する方法として classNameプロパティ が用意されています。まず現在クラス名がactiveになっている要素をquerySelectorメソッドを使って選択し、クラス名として''（空文字）を設定してから、クリックしたli要素のクラス名をactiveに変更します。

mplayer.js

```javascript
// プレイリストを取得
var listitems = document.querySelectorAll('li');
for(var i=0; i<listitems.length; i++){
  // clickイベントを設定
  listitems[i].addEventListener('click',
    (e)=>{
      var li = e.target;
      var file = li.getAttribute('data-file');
      var audio = document.querySelector('audio');
      audio.setAttribute('src', file);
      audio.play();
      // activeな項目を変更
      var activeli = document.querySelector('.active');
                                                        ─ 現在のactiveの項目を取得
      activeli.className = '';           ……… class属性を空文字列にする
      li.className = 'active';           ……… クリックした要素にクラス名を設定
```

```
            }
        );
    }
```

JavaScriptでCSSファイルの内容を直接書き換えることはできないの。でも、HTMLのclass属性を書き替えれば、どのスタイルを割り当てるのかを変更できる。

class属性を変更するだけで見た目が変わるのは面白いね。

ここでは文字色と背景色しか変えていないけど、同じ方法で文字の大きさとか要素の幅とかまでガラッと変えることもできちゃうよ。

Chapter 5 ミュージックプレーヤーを完成させよう

LESSON 28

再生中と停止中で イラストを切り替える

再生中と停止中を取得するには、AudioElement 要素が持つ再生状態を表すイベントを利用します。

次は再生中と停止中でイラストが切り替わるようにしよう。

再生する曲を変更するときはaudio要素のsrc属性を変更したけど、画像を変更したいときはimg要素のsrc属性を変更すればいいのかな?

正解！ 残る問題は再生中と停止中の状態を調べる方法だけど、イベントを使うのよ。

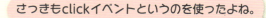
さっきもclickイベントというのを使ったよね。

そう。clickイベントはユーザーが要素をクリックしたときに発生したけど、audio要素の状態が変わったときも専用のイベントが発生するの。

へえ～。

audio要素のイベントでもaddEventListenerメソッドを使うから、プログラムも似た感じになるわね。

audio要素のイベントに対応する

audio要素で再生が開始されたときはplayイベントが、一時停止したときはpauseイベントが発生します。それらのイベントに対応するようaddEventListenerメソッドを書きます。

mplayer.js

```js
// プレイリストを取得
var listitems = document.querySelectorAll('li');
for(var i=0; i<listitems.length; i++){
  // clickイベントを設定
  listitems[i].addEventListener('click',
    (e)=>{
      var li = e.target;
      var file = li.getAttribute('data-file');
      var audio = document.querySelector('audio');
      audio.setAttribute('src', file);
      audio.play();
      // activeな項目を変更
      var activeli = document.querySelector('.active');
      activeli.className = '';
      li.className = 'active';
    }
  );
}

// 再生中と停止中でイラストを切り替える
var audio = document.querySelector('audio');          // audio要素を取得
audio.addEventListener('play',                         // playイベントを設定
  (e)=>{
    var img = document.querySelector('img');           // img要素を取得
    img.setAttribute('src', 'pict_play.png');          // 画像を変更
  }
);
audio.addEventListener('pause',                        // pauseイベントを設定
  (e)=>{
    var img = document.querySelector('img');           // img要素を取得
```

けっこう長くなってきたよ～！

LESSON 28

```
        img.setAttribute('src', 'pict_stop.png');      ……画像を変更
    }
);
```

長い～～～！

落ち着いて！ 追加したのは10行ちょっとだし、後半の2つはほとんど一緒だよ。

でも～～～！

まずはplayイベントのところを見てみよう。

mplayer.js（21 ～ 26 行目）

```
var audio = document.querySelector('audio');      ……audio要素を取得
audio.addEventListener('play',                    ……playイベントを設定
  (e)=>{
    var img = document.querySelector('img');      ……img要素を取得
    img.setAttribute('src', 'pict_play.png');     ……画像を変更
  }
);
```

querySelectorでaudio要素を取得するのも、addEventListenerでイベントの設定をするのもさっきやったわね。

あ、確かに。liがaudioに変わって、clickがplayに変わっただけか。

そうそう。playイベントが発生したら、img要素を取得してsrc属性を変更して画像を変えるわけ。そのあとのpauseイベントのところも見てみよう。

再生中と停止中でイラストを切り替える

mplayer.js（28〜33行目）

```
audio.addEventListener('pause',                    ……pauseイベントを設定
  (e)=>{
    var img = document.querySelector('img');       ……img要素を取得
    img.setAttribute('src', 'pict_stop.png');      ……画像を変更
  }
);
```

今度はplayがpauseに変わって、画像のファイル名がpict_playからpict_stopに変わってるだけだね。

そうそう。ビックリするほどじゃないでしょ。こういうほとんど同じ文はコピペして、変更部分だけ直せばいいんだよ。

そっか〜。

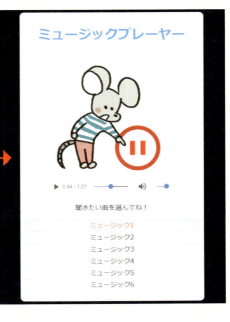

Chapter 5 ミュージックプレーヤーを完成させよう

LESSON 29

連続再生できるようにする

ミュージックプレーヤーの仕上げとして、1曲目の再生が終わったら、2曲目が自動再生されるようにしましょう。

このミュージックプレーヤーには重大な欠陥があるね！

え、どのへんが？

一時停止したときはイベントが変わるけど、最後まで再生したときはイベントが変わらないよ。

あー、一時停止はpauseイベントだけど、曲が終わったときはendedイベントだから別に設定しないといけないんだよね。

それに、終わったら次の曲に切り替えてほしいよね。

わかったわかった。じゃあ、両方ともやってみようか。

「次の曲」を取得するには？

　再生が終わったときに画像を変更するのは、endedイベントの処理を追加するだけなのでそう難しくはありません。問題は次の曲に切り替える方法です。次の曲に切り替えるためには、今再生している曲がプレイリストのどの項目なのかを知る必要があります。

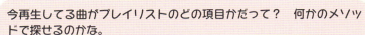 連続再生できるようにする

今再生してる曲がプレイリストのどの項目かだって？ 何かのメソッドで探せるのかな。

まあ、都合よく探せるメソッドはないわね。今プログラムの中で使えるデータから考えるしかない。

audio要素のファイル名を見るとか？

それだと、万が一プレイリストに同じ曲が2つ登録されていたら区別できないよね。

うーん、プレイリストの再生中の曲を表すもの……。あ、クラス名がactiveの要素とか？

うん、それならquerySelectorで探せるね。

でもホントに知りたいのは、その次の項目なんだよね。

次の要素を調べるプロパティだったら用意されてるんだな。

LESSON 29

他の要素を調べるプロパティ

プロパティ	働き
childNodes	子のノードの配列
firstElementChild	最初の子要素
lastElementChild	最初の子要素
nextElementSibling	次の兄弟要素
parentElement	親要素
previousElementSibling	前の兄弟要素

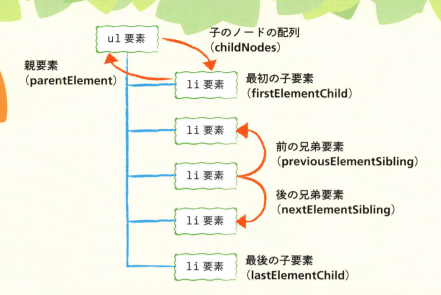

なるほど、今探したいのは次の要素だからnextElementSiblingだね。

mplayer.js
```
……前略……
audio.addEventListener('pause',
  (e)=>{
    var img = document.querySelector('img');
    img.setAttribute('src', 'pict_stop.png');
  }
);

// 曲を最後まで再生したとき
audio.addEventListener('ended',       ……………………………endedイベントを設定
  (e)=>{
    var img = document.querySelector('img');  …………img要素を取得
    img.setAttribute('src', 'pict_stop.png'); ………画像を変更
    // 次の曲に切り替え
    var activeli = document.querySelector('.active');
                                              activeつきの要素を取得
    var nextli = activeli.nextElementSibling;
                                              次の要素を取得
```

連続再生できるようにする

```
        console.log('active ' + activeli + activeli.getAttribute
('data-file'));
        console.log('next ' + nextli + nextli.getAttribute
('data-file'));
    }
);
```

とりあえず、コンソールにdata-file属性を表示するようにしてみたので、曲の最後まで再生させてみよう。

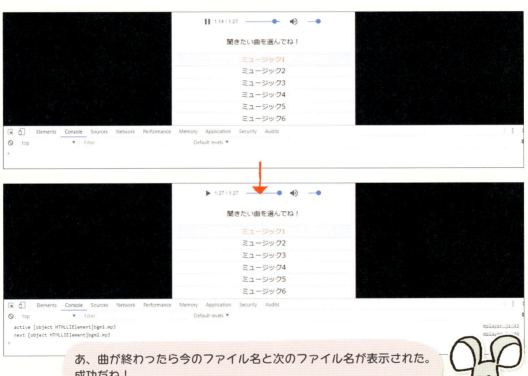

あ、曲が終わったら今のファイル名と次のファイル名が表示された。成功だね！

MEMO DOM

documentオブジェクトやElementオブジェクトが持っている要素を取得するための仕組みをDOM（Document Object Model）と呼びます。ここでは要素の関係を表すものだけ取り扱っていますが、HTML内のテキストやコメントを取得するプロパティもあります。

LESSON 29

177

音楽を再生する部分を関数にする

あとは次の曲を再生すれば完成だよね。

うん、clickイベントのところとまったく同じように、li要素のdata-file属性からaudio要素のsrc属性にファイル名を渡し、activeクラスをつけかえればいいよ。

まったく同じなんだ……。じゃあ、前に習った関数にしてもいいよね。

おっ！ そのとおりだよ。成長したね〜。

ヘヘヘ……。

　それではclickイベントの設定から曲を再生する部分を切り離して関数にしてみましょう。まず、playMusicという新しい関数の定義を追加します。引数には次に再生したいli要素を渡すことにします。

mplayer.js

```
// プレイリストを取得
var listitems = document.querySelectorAll('li');
for(var i=0; i<listitems.length; i++){
  // clickイベントを設定
  listitems[i].addEventListener('click',
    (e)=>{
      var li = e.target;
      var file = li.getAttribute('data-file');
      var audio = document.querySelector('audio');
      audio.setAttribute('src', file);
      audio.play();
      // activeな項目を変更
      var activeli = document.querySelector('.active');
      activeli.className = '';
```

カットする

連続再生できるようにする

```javascript
      li.className = 'active';
    }
  );
}

function playMusic(li){

}
```

関数を追加

```javascript
// 再生中と停止中でイラストを切り替える
……後略……
```

clickイベントのアロー関数から、再生に関する処理をすべてカット＆ペーストします。そしてその代わりにplayMusic関数の呼び出しを追加します。

mplayer.js

```javascript
// プレイリストを取得
var listitems = document.querySelectorAll('li');
for(var i=0; i<listitems.length; i++){
  // clickイベントを設定
  listitems[i].addEventListener('click',
    (e)=>{
      var li = e.target;
      playMusic(li); ·····································playMusic関数の呼び出しを追加
    }
  );
}

function playMusic(li){
  var file = li.getAttribute('data-file');
  var audio = document.querySelector('audio');
  audio.setAttribute('src', file);
  audio.play();
  // activeな項目を変更
  var activeli = document.querySelector('.active');
  activeli.className = '';
  li.className = 'active';
```

ペーストする

LESSON
29

179

```
}
```

// 再生中と停止中でイラストを切り替える

endedイベントの設定の中でplayMusic関数を呼び出します。最後の曲を再生しているときは次の要素がないのでnextElementSiblingメソッドの戻り値はnullになります。nullでないときのみ再生するようにします。

mplayer.js

```
……前略……
// 再生中と停止中でイラストを切り替える
var audio = document.querySelector('audio');
audio.addEventListener('play',
  (e)=>{
    var img = document.querySelector('img');
    img.setAttribute('src', 'pict_play.png');
  }
);
audio.addEventListener('pause',
  (e)=>{
    var img = document.querySelector('img');
    img.setAttribute('src', 'pict_stop.png');
  }
);


// 曲を最後まで再生したとき
audio.addEventListener('ended',
  (e)=>{
    var img = document.querySelector('img');
    img.setAttribute('src', 'pict_stop.png');
    // 次の曲に切り替え
    var activeli = document.querySelector('.active');
    var nextli = activeli.nextElementSibling;
    if(nextli != null){
      playMusic(nextli);   ……………… 関数を呼び出す
    }
```

```
    }
);
```

> 連続再生できるようにする

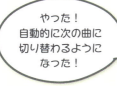

LESSON 29

LESSON 30 ランダム選曲機能を追加しよう

最後におまけとしてプレイリストのランダム選曲機能を追加してみましょう。

これで完成だけど、まだ余裕があるからもう1機能追加してみようか。

へー、何を追加するの？

シャッフル機能といいたいところだけどちょっと複雑なので、ランダム選曲機能なんてどうかな？

曲を自動で選んでくれるんだね。いいんじゃないかな。

ランダムのリンクを追加する

まずはランダム機能のボタンとなる部分をHTMLに追加します。今回はリンクを使用します。HTMLのリンクは本来はクリックして他のWebページへ移動するためのものです。リンクを設定するにはaタグを使用します。

書式：aタグ

```
<a href="リンク先のURL">リンク文字列</a>
```

mplyaer.hrefを開き、pタグの「聞きたい曲を選んでね！」という文字のあとにaタグを追加します。

mplayer.html

```html
<!DOCTYPE html>
<html>
  <head>
    <meta charset="utf-8">
    <title>ミュージックプレーヤー</title>
    <link rel="stylesheet" href="mplayer.css">
  </head>
  <body>
    <div class="appframe">
      <h1>ミュージックプレーヤー</h1>
      <img src="pict_stop.png" alt="再生状態を表す画像">
      <audio src="bgm1.mp3" controls></audio>
      <p>聞きたい曲を選んでね！<a id="random" href="#">ランダム</a></p>
                              ┗━━━━━━━━━━━ リンクを追加
      <ul>
        <li data-file="bgm1.mp3" class="active">ミュージック1</li>
        <li data-file="bgm2.mp3">ミュージック2</li>
        <li data-file="bgm3.mp3">ミュージック3</li>
        <li data-file="bgm4.mp3">ミュージック4</li>
        <li data-file="bgm5.mp3">ミュージック5</li>
        <li data-file="bgm6.mp3">ミュージック6</li>
      </ul>
      <script src="mplayer.js" charset="utf-8"></script>
    </div>
  </body>
</html>
```

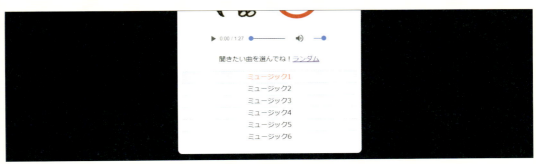

ボタンじゃないんだね。

Webアプリだとボタンの代わりにリンクを使うことはよくあるよ。アイコン付きのボタンにしたければimg要素を組み合わせればいい。

id属性というのがついてるね。

それはID名というもので、クラス名と同じように要素に名前をつけるために使うの。ただし、ID名はWebページ内で重複してはいけない。そのWebページ内に1つしかないものにつける名前ね。

href属性はリンク先を書くって話だけど、何で#って書いてあるの？

#は本来は「#見出しのID名」のように書いて、ページ内のどこかの見出しにリンクしたいときに使うの。今回みたいにどこにもジャンプさせたくないけどクリック可能にしたいときは#だけを書く。

リンクにclickイベントを設定する

　mplayer.jsの最後にランダム選曲の処理をする部分を追加します。まずはrandomというID名を設定した要素を取得し、clickイベントを設定します。やり方はプレイリストにclickイベントを設定したときとほぼ同じです。

mplayer.js

```
……前略……
// 曲を最後まで再生したとき
audio.addEventListener('ended',
  (e)=>{
    var img = document.querySelector('img');
    img.setAttribute('src', 'pict_stop.png');
    // 次の曲に切り替え
    var activeli = document.querySelector('.active');
    var nextli = activeli.nextElementSibling;
    if(nextli != null){
```

```
        playMusic(nextli);
    }
  }
);
```

```
// ランダム選曲機能
var random = document.querySelector('#random'); ……… 要素を取得
random.addEventListener('click', ……… clickイベントを設定
  (e)=>{
    e.preventDefault(); ……………………… a要素本来の機能を無効にする
    console.log('ランダム！');
  }
);
```

ここから追加だよ。

ここをクリックするとコンソールに文字が出る。

要素の種類が違ってもclickイベントの設定は同じなんだね。

ただ1つだけ違うのは「e.preventDefault();」のところ。これを書かないとa要素の本来のリンク機能が働いてしまうの。

どっかにジャンプしちゃうということ？

そういうこと。今回は「#」って指定してるから他のWebページにはジャンプしないけど、スクロール位置が変わったりする。preventDefaultメソッドはその要素本来の機能を無効にするのよ。

LESSON 30

ランダムに曲を選ぶ

Chapter 5
ミュージックプレーヤーを完成させよう

ランダムとは手当たり次第という意味です。JavaScriptでいくつかのものから1つをランダムに選ぶには、Math.randomメソッドを使います。Math.randomメソッドは0から1未満の数値のいずれかを返すので、これに最大値を掛けると0〜最大値未満の数になります。これに小数点以下を切り下げるMath.floatメソッドを組み合わせると結果が整数になります。

書式：整数をランダムに選ぶ式

```
結果を記憶する変数 = Math.float(Math.random() * 最大値);
```

これを利用して曲を選んでみましょう。li要素をすべて選択し、その長さ（要素数）を最大値にしたランダムな数を選びます。あとはそれを使ってplayMusic関数を呼び出します。

mplayer.js

```javascript
// ランダム選曲機能
var random = document.querySelector('#random');
random.addEventListener('click',
  (e)=>{
    e.preventDefault();
    var listitems = document.querySelectorAll('li');  // li要素を取得
    var len = listitems.length;                       // 長さを調べる
    var rnd = Math.floor(Math.random() * len);        // ランダムに選ぶ
    playMusic(listitems[rnd]);                        // 曲を再生
  }
);
```

たまたま同じ曲になっちゃこともあるけどしょうがないね。

ランダム選曲機能を追加しよう

お、クリックするたびに曲がランダムに切り替わった。意外と短いプログラムでできたね。

1曲を選ぶだけだからね。でも、プレイリストのシャッフルになると、ずっと複雑になる。

シャッフルはどうやるんだろう？　自分で考えてみようかな。

お、いいね。いろいろと新しい機能が追加できないか自分で考えてみようよ。

LESSON 30

Chapter 5 ミュージックプレーヤーを完成させよう

LESSON 31
この後は何を勉強したらいいの？

JavaScript を自由に使いこなせるようになるのはこれからです。マウス君と一緒に皆さんも頑張りましょう。

これで私の授業は終わりだよ。お疲れ様！

これでもうどんなプログラムでも書けるようになったかな？

いやまだまだ。最初の入り口を体験したぐらいだよ。

ガーン！　じゃあどうしたらいいの？

そうねぇ……。もっとHTMLとかCSSとか、JavaScriptで使えるいろいろなオブジェクトの情報とかを知らないといけないね。

Mozilla Developer Networkで調べる

　HTMLやJavaScriptの知識をひととおり知りたければ、Mozilla Developer Networkがおすすめです。FireFoxというWebブラウザを開発しているMozilla社が無料で公開しているWebサイトで、HTMLにどんな要素があるのか、オブジェクトがどんなメソッドやプロパ

ティを持っているのかなどが、網羅的に解説されています。

　ただし、Webプログラミングのプロフェッショナル向けの情報なので、初心者向けにやさしくかみ砕いた説明ではありません。難しいなと思ったら、本書より1ランク上の書籍に挑戦してみるのもいいと思います。

〈開発者向けの Web 技術 | MDN〉

 ## 「JavaScript やりたいこと」 で検索してみる

　JavaScriptは人気が高いプログラミング言語なので、インターネット上に大量の情報があります。例えばさっきのシャッフルのやり方も、「JavaScript シャッフル」で検索すればヒントがたくさん見つかります。自分で考えてどうしても答えが見つからないときは、検索して探してみましょう。

索引

A

addEventListenerメソッド	162, 171
alertメソッド	73
Atomのインストール	25
audioタグ／audio要素	123, 170
aタグ	182

B

background	143
bodyタグ	113
border	148
border-radius	143

C

Chromeのインストール	23
class属性	142, 150, 168
clickイベント	162, 184
color	131
color-pickerパッケージ	135
confirmメソッド	77
console.log()	63, 71
CSS	109, 130

D

data-file属性	129, 165
Dateオブジェクト	95
div要素	142
DOCTYPE宣言	113
documentオブジェクト	88
DOM	177

E

else文	80
endedイベント	174
Eventオブジェクト	164

F

false	78
for文	82
function文	100

G

getAttributeメソッド	165
getDayメソッド	97

H

h1〜h6タグ	114
headタグ	113
hover擬似クラス	151
HTML	55, 109

I

id属性	184
if文	75
imgタグ	119

J

JavaScript	20
JSファイル	156

L

lengthプロパティ	161
linkタグ	133
list-styleプロパティ	147
liタグ	127

M

margin	143
Math.floatメソッド	186
Math.randomメソッド	186

N

NaN	43
new	96
nextElementSibling	176

P

padding	143
parseFloat関数	45, 70
parseInt関数	45, 70, 79
pauseイベント	171
playイベント	171
preventDefaultメソッド	185
printメソッド	72
promptメソッド	79
pタグ	116

Q

querySelectorAllメソッド	159

190

querySelectorメソッド ········· 159

R

ReferenceError ············ 35, 53
return文 ·············· 100, 103

S

scriptタグ ················ 157
setAttributeメソッド ········ 165

T

text-align ················ 136
titleタグ ················· 115
toLocaleStringメソッド ······· 97
true ················· 77, 78

U

ulタグ ·················· 127
undefined ················· 64

V

var ···················· 47

W

Webアプリ ················ 15
Webサーバー ··············· 16
Webブラウザ ··············· 16
width ·················· 143
windowオブジェクト ·········· 73
writeメソッド ·············· 88

あ行

アロー関数 ················ 162
インデックス番号 ············ 93
インデント ················ 145
演算子 ················ 37, 39
オブジェクト ··············· 70

か行

カーソル ················· 33
拡張子 ·················· 58
箇条書き ··············· 126, 146
関数 ·············· 69, 99, 178
クライアントサイド ··········· 17
クラス ·················· 142

くり返し処理 ············· 83, 92
コメント文 ················ 160
コンソール ··············· 32, 63
コンテンツ ················ 141

さ行

サーバーサイド ·············· 17
参照エラー ················ 35
条件分岐 ················· 74
新規ファイルを作成 ··········· 56
シングルクォート ············ 41
スニペット ······· 59, 115, 120, 132, 157
制御構文 ················· 74
セレクタ ··············· 130, 159
属性 ················· 119, 165

た行

タグ ··················· 111
ダブルクォート ·············· 41
テキストエディタ ············ 25
デベロッパーツール ········· 32, 138
独自属性 ················· 129

は行

配列 ··················· 93
パディング ················ 141
引数 ················· 69, 100
プロジェクト ··············· 28
ブロック ············· 77, 84, 145
プロパティ ················ 161
変数 ··················· 47
ボーダー ················· 141

ま行

マークアップ言語 ·········· 55, 110
マージン ················· 141
メソッド ················· 70
文字コード ················ 132
文字列 ·················· 41
文字列を連結 ··············· 43
戻り値 ················ 69, 100

や行

要素 ··················· 111

191

●著者プロフィール

リブロワークス

書籍の企画、編集、デザインを手がける編集プロダクション。手がける書籍はプログラミングからExcelまでIT系を中心に幅広い。最近の著書に『Unityの寺子屋 定番スマホゲーム開発入門』（MdN、大槻有一郎名義、共著）、『今すぐ使えるかんたん Ex Excel作図入門』（技術評論社）などがある。

http://libroworks.co.jp/

装丁・扉デザイン	大下賢一郎
本文デザイン	株式会社リブロワークス
装丁・本文イラスト	あらいのりこ
漫画	ほりたみわ
編集・DTP	株式会社リブロワークス

ジャバスクリプト
JavaScript 1年生
体験してわかる！会話でまなべる！プログラミングのしくみ

2017年12月5日　初版第1刷発行

著　　者	リブロワークス	
発　行　人	佐々木 幹夫	
発　行　所	株式会社 翔泳社（http://www.shoeisha.co.jp）	
印刷・製本	株式会社シナノ	

©2017 LibroWorks Inc.

※本書は著作権法上の保護を受けています。本書の一部または全部について（ソフトウェアおよびプログラムを含む）、株式会社翔泳社から文書による許諾を得ずに、いかなる方法においても無断で複写、複製することは禁じられています。

※本書へのお問い合わせについては、2ページに記載の内容をお読みください。落丁・乱丁はお取り替えいたします。03-5362-3705までご連絡ください。

ISBN978-4-7981-5326-1
Printed in Japan